高 等 学 校 教 材

Physical Chemistry Experiment

物理化学实验

李铭慧　张丽君　况燚　主编

化学工业出版社

·北京·

内容简介

《物理化学实验》主要由绪论、实验技术和仪器、基础实验、综合性实验、设计性实验等内容组成，共介绍了五种实验技术，汇编成 35 个实验，涉及热力学、相平衡、电化学、动力学、表面化学和胶体等。本教材注重系统性、完整性、启发性，突出基本概念和基本实验技能的理解应用，设计方法的培养，能够适应不同专业和不同基础学生教学要求，满足应用型人才培养的需要。

《物理化学实验》可作为高等学校化学、化工、环境工程、材料工程等应用型本科教材，同时对从事相关领域研究开发的科研人员有一定的参考价值。

图书在版编目（CIP）数据

物理化学实验/李铭慧，张丽君，况燚主编 . —北京：化学工业出版社，2023.11
ISBN 978-7-122-44480-6

Ⅰ. ①物⋯　Ⅱ. ①李⋯②张⋯③况⋯　Ⅲ. ①物理化学-化学实验　Ⅳ. ①O64-33

中国国家版本馆 CIP 数据核字（2023）第 223808 号

责任编辑：李　琰　　　　　　　　　文字编辑：刘志茹
责任校对：宋　玮　　　　　　　　　装帧设计：韩　飞

出版发行：化学工业出版社（北京市东城区青年湖南街 13 号　邮政编码 100011）
印　　装：三河市延风印装有限公司
787mm×1092mm　1/16　印张 11¼　字数 273 千字　2024 年 3 月北京第 1 版第 1 次印刷

购书咨询：010-64518888　　售后服务：010-64518899
网　　址：http://www.cip.com.cn
凡购买本书，如有缺损质量问题，本社销售中心负责调换。

定　　价：35.00 元

编写人员名单

主　　编：李铭慧　张丽君　况　燚

副 主 编：钟炳伟　李　莎　高兴军　杨胜祥　罗锡平
　　　　　郭　明

编写人员：李铭慧　张丽君　况　燚　钟炳伟　李　莎
　　　　　高兴军　杨胜祥　罗锡平　郭　明　卢小旺
　　　　　殷欣欣　燕冰宇　范文翔

前　言

　　物理化学实验是高等院校化学、化工、环境工程、材料工程等专业的一门重要基础实验课程。随着教学改革的深入和新修订的本科人才培养方案，针对不同专业特点和学生基础的现状，物理化学实验教学目的有一定的变化，物理化学实验教学课程组经过长期教学积累，结合新人才培养方案要求，同时吸收部分院校的一些有益经验编写了本书。本教材对培养学生的科学思维能力、动手能力、分析和解决问题的能力、数据分析和处理能力大有益处。

　　全书主要由绪论、实验技术和仪器、基础实验、综合性实验、设计性实验等内容组成，介绍了五种实验技术，共编入 35 个实验，涉及热力学、相平衡、电化学、动力学、表面化学和胶体。本教材注重系统性、完整性、启发性，突出基本概念和基本实验技能的理解应用，设计方法的培养，是面向应用型本科生编写的教材，能够适应不同专业和不同基础学生教学要求，满足应用型人才培养的需要。

　　教材由李铭慧、张丽君、况燚主编，钟炳伟、李莎、高兴军、杨胜祥、罗锡平、郭明、卢小旺、殷欣欣、燕冰宇、范文翔等参与部分章节编写或者审阅工作，李铭慧负责本次教材的全面工作。

　　本教材的出版得到了浙江农林大学教务处、化学与材料工程学院应用化学学科的支持和资助。物理化学实验课程组的老师们认真审阅了本教材，对教材章节、实验项目选择提出许多宝贵修改建议，编者在此对他们谨表深深的谢意。

　　由于本书编者水平有限，书中疏漏、不妥之处在所难免，敬请有关专家和广大师生批评指正，不胜感激。

编　者

2023 年 10 月

目 录

上 篇

基础知识与技术部分

第一章

绪　论

第一节　物理化学实验目的和要求

一、物理化学实验的目的

物理化学实验是化学实验的重要分支，是化学、化工、生物、环境、材料、食品等专业的一门重要基础实验课程。物理化学实验是运用物理学的原理、技术和仪器，借助数学运算工具来研究物质的化学性质和化学反应规律的一门学科，该课程要求学生能够熟练运用物理化学原理解决实际化学问题。

本课程的目的是让学生初步了解物理化学的研究方法、实验设计思想，深刻理解物理化学实验原理，掌握物理化学基本实验技能，学会运用已学到的基本知识和技能解决实际问题，学会正确记录、处理和归纳分析数据的方法，做到掌握理论、了解过程、灵活运用，为将来从事与化学相关的实践活动打下良好的基础。

二、物理化学实验的要求

物理化学是化学重要的理论基础，物理化学实验是物理化学基本理论的具体化和实践化，是对整个化学理论体系的实践检验。物理化学实验方法对化学等相关学科的后续学习十分重要，为了做好实验，要求具体做好以下几点：

1. 实验前的预习

学生在实验前应认真仔细阅读实验内容，了解实验目的、原理，掌握所用仪器的构造和使用方法、实验操作过程，以及实验时所要记录的数据。撰写实验预习报告，并写在专门的记录本上。

2. 实验操作

按教材操作步骤做实验，遵守实验操作规程，注意观察实验现象，记录实验数据必须真实、完整和准确，不得随意涂改实验原始数据。

3. 实验报告

物理化学实验报告一般应包括：实验目的、实验原理、仪器与试剂、实验操作、数据处理、结果和讨论等内容。

实验目的应简单明了，说明实验方法及研究对象。实验原理应在理解的基础上，用自己的语言表述出来，不能简单抄书。仪器装置用简图表示，并注明各部分名称。结果处理中应写出计算公式，并注明公式所用的已知常数的值，以及各数值所用的单位。作图可以用 Origin 软件或者 Excel 软件处理后打印出来，图要端正地粘贴在报告上。讨论的内容可包括对实验现象的分析和解释，以及关于实验原理、操作、仪器设计和实验误差等问题的讨论，或实验成功与否的经验教训的总结。书写实验报告时，要求仔细观察、钻研问题、分析原因、细心计算、认真写作。通过书写实验报告，达到加深理解实验内容和培养严谨科学态度的目的。

第二节　物理化学设计性实验的设计方法

物理化学实验是用物理的手段研究化学问题，很多经典的验证实验设计严谨、过程简单、结论可信。从经典实验中学习设计思想，对于学生做毕业论文或从事科学研究工作十分必要。为了培养学生举一反三、触类旁通、灵活运用基本理论和实验技能解决复杂问题的能力，本书安排了一定数量的设计性实验，下面简要介绍设计性实验如何开展。

一、设计程序

① 认真研究题目内容和要求，确认设计实验涉及哪些理论、采用什么实验方法，分清实验直接测量数据和计算得来的数据，了解数据结果要求的精密度和准确度，清楚实验操作的注意点，分析实验影响因素有哪些。

② 查阅有关的文献资料，包括已采用过的实验原理、实验方法、仪器装置等。

③ 对实验的整体方案和某些难点的局部方案进行初步的设想和规划，列出实验所需实验仪器、试剂、实验步骤、实验中可能出现的问题，实验前一周将预习报告交任课教师，以便老师审查实验方案，准备仪器和试剂。

二、设计方法

① 首先根据设计内容和要求，选择实验原理和测量方法。可以从经典实验中选择实验原理和方法，也可以从文献中找新的实验原理和测量方法设计实验内容和步骤。

② 选择合适的测量仪器。确定测量原理和测量方法之后应选择合适的测量仪器，仪器的灵敏度、最小分度值和准确度应满足测量的误差要求，测量装置尽可能简便，容易操作，特别应注意实验仪器的精度。

③ 对实验结果有基本预见性，能够掌握误差来源和消除误差办法，实验数据基本符合理论结论，在设计性实验中注重设计方案的灵巧，实验步骤设计合理，实验结果准确性和重现性。

④ 设计性实验报告包含实验内容、实验基本原理、实验器材和试剂、实验步骤、实验数据记录、实验数据处理、结果分析、设计实验结论、误差分析等。

第三节　物理化学实验数据误差分析

一、研究误差的目的

物理化学实验在物理量的实际测量中，无论是直接测量的量，还是间接测量的量（由直接测量的量通过公式计算而得出的量），由于受测量仪器、方法以及外界条件等因素的影响，使得测量值与真值（或实验平均值）之间存在差值，称为测量误差。

研究误差的目的，不是要消除它，而是在一定的条件下得到更接近于真值的最佳测量结果，确定结果的不确定程度，根据所需结果，选择合理的实验仪器、实验条件和方法，以降低成本和缩短实验时间。实验结果表达也是物理化学实验的重要内容，如果只报告实验结果，而不指出结果的不确定程度，这样的实验结果是无价值的，所以我们应有正确的误差概念。

二、误差的种类

根据误差的性质和来源，可将测量误差分为系统误差、偶然误差和过失误差。

1. 系统误差

相同条件下，对某一物理量进行多次测量，测量误差的绝对值和符号保持恒定（即恒偏大或恒偏小），这种测量误差称为系统误差。产生系统误差的一般原因如下：

① 实验方法的理论根据有缺点，或实验条件受测量方法限制。如根据理想气体状态方程测量某种物质蒸气的分子量时，由于实际气体对理想气体的偏差，若不用外推法，则测量结果较实际的分子量大。

② 仪器不准或不灵敏，仪器精度有限，试剂纯度不符合要求等，例如滴定管刻度不准。

③ 个人习惯误差，如读滴定管读数常常偏高（或偏低），计时常常偏早（或偏迟）等。

系统误差决定了测量结果的准确度，通过校正仪器刻度、改进实验方法、提高药品纯度、修正计算公式等方法可减少或消除系统误差。但有时很难确定系统误差的存在，往往要用几种不同的实验方法或改变实验条件，或者不同的实验者进行测量，以确定系统误差的存在，并设法减少或消除。

2. 偶然误差

在相同实验条件下，多次测量某一物理量时，每次测量的结果都会不同，它们围绕着某一数值无规则地变动，误差绝对值时大时小，符号时正时负，这种测量误差称为偶然误差。产生偶然误差的可能原因如下：

① 实验者对仪器最小分度值以下的估读，每次很难相同；

② 测量仪器的某些活动部件所指示的测量结果，每次很难相同，尤其是质量较差的电学仪器最为明显；

③ 影响测量结果的某些实验条件如温度，不可能在每次实验中都绝对相同。

偶然误差在测量时不可能消除，也无法估计，但是它服从统计规律，即它的大小和符号一般服从正态分布。若以横坐标表示偶然误差，纵坐标表示实验次数（即偶然误差出现的次数），可得到图 1.3-1。其中 σ 为标准误差。

由图中曲线可见：①|σ|愈小，分布曲线愈尖锐，也就是说偶然误差小的，出现的概率相对大；②分布曲线关于纵坐标呈轴对称，也就是说误差分布具有对称性，说明误差出现的绝对值相等，且正负误差出现的概率相等。当测量次数 n 无限多时，偶然误差的算术平均值趋于零。因此，为减少偶然误差，常常对被测物理量进行多次重复测量，以提高测量的精密度。

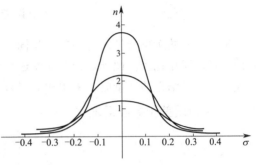

图 1.3-1　偶然误差的正态分布

3. 过失误差

由操作者在实验过程中不应有的失误而引起的，如数据读错、记录错、计算出错，或实验条件失控而发生突然变化等。只要实验者细心操作，这类误差是完全可以避免的。

三、准确度和精密度

准确度指的是测量值与真值符合的程度。测量值越接近真值，则准确度越高。精密度指的是多次测量某物理量时，其数值的重现性。重现性好，精密度高。值得注意的是，精密度高的，准确度不一定好；相反，若准确度好，精密度一定高。例如甲、乙、丙三人，使用相同的试剂，在进行酸碱中和滴定时，用不同的酸式滴定管，分别测得三组数据，如图1.3-2所示。显然，丙的精密度高，但准确度差；乙的数据离散，精密度和准确度都不好；甲的精密度高，且接近真值，所以准确度也好。

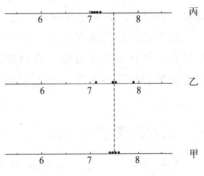

图 1.3-2　准确度和精密度

应说明的是，真值一般是未知的，或不可知的。通常用正确的测量方法和经校正过的仪器，进行多次测量所得算术平均值或文献手册提供的公认值作为真值。

四、误差的表示方法

1. 绝对误差和相对误差

$$\text{绝对误差} \delta_i = \text{测量值} x_i - \text{真值} x_{\text{真}} \tag{1.3-1}$$

此外，还有绝对偏差

$$\text{绝对偏差} d_i = \text{测量值} x_i - \text{平均值} \bar{x} \tag{1.3-2}$$

平均值（或算术平均值）$\bar{x}$

$$\bar{x} = \frac{\sum\limits_{i=1}^{n} x_i}{n} \tag{1.3-3}$$

式中，x_i 为第 i 次测量值；n 为测量次数。如前所述，$x_{\text{真}}$ 是未知的，通常以 $\bar{x}$ 作为 $x_{\text{真}}$，因此实际结果表达常常混用误差和偏差。

$$相对误差 = \frac{\delta_i}{\bar{x}} \times 100\% \qquad (1.3\text{-}4)$$

绝对误差的单位与被测量的单位相同，而相对误差是无量纲的，因此不同的物理量的相对误差可以互相比较。此外，相对误差还与被测量的大小有关。所以在比较各次测量的精密度或评定测量结果的质量时，采用相对误差更合理些。

2. 平均误差和标准误差

$$平均误差 \bar{\delta} = \frac{\sum\limits_{i=1}^{n} |x_i - \bar{x}|}{n} = \frac{1}{n} \sum\limits_{i=1}^{n} |\delta_i| \qquad (1.3\text{-}5)$$

$$平均相对误差 = \frac{\bar{\delta}}{\bar{x}} \times 100\% \qquad (1.3\text{-}6)$$

标准误差又称为均方根误差，以 σ 表示，定义为：

$$\sigma = \sqrt{\frac{1}{n-1} \sum\limits_{i=1}^{n} (x_i - \bar{x})^2} = \sqrt{\frac{1}{n-1} \sum\limits_{i=1}^{n} \delta_i^2} \qquad (1.3\text{-}7)$$

式中，$n-1$ 称为自由度，指独立测定的次数减去在处理这些测量值所用外加关系条件的数目，当测量次数 n 有限时，$\bar{x}$ 的等式［即式(1.3-7)］为外加条件，所以自由度为 $n-1$。

测量精度用标准误差表示比用平均相对误差好，用平均误差评定测量精度的优点是计算简单，缺点是可能把质量不高的测量给掩盖了。而用标准误差时，测量误差平方后，较大的误差更显著地反映出来，更能说明数据的分散程度。因此计算测量误差时，通常采用标准误差。

五、可疑测量值的取舍

根据概率论，大于 3σ 的误差出现的概率只有 0.3%，通常把这一数值称为极限误差。在多次测量中，若有个别测量误差超过 3σ，则可以舍弃。若只有少数几次测量，概率论这种方法已不适用，因此可略去可疑的测量值，计算平均值和平均误差 $\bar{\delta}$，然后计算出可疑值与平均值的偏差 d，如果 $d \geqslant 4\bar{\delta}$，则此可疑值可以舍去，因为这种观测值存在的概率大约只有 0.1%。

要注意的另一个问题是，舍弃的数值个数不能超出总数据个数的 $1/5$，且当一个数据与另一个或几个数据相同时，也不能舍去。

上述这种对可疑测量值的取舍方法只能用于对原始数据的处理，其他情况则不适用。

六、间接测量结果的误差——误差传递

大多数物理化学测量数据，往往是把一些直接测量值代入一定的函数关系式中，经过数学运算才能得到，这就是前面所说的间接测量。显然，每个直接测量值的准确度都会影响最后结果的准确度。

1. 平均误差和相对平均误差的传递

设直接测量的物理量为 x 和 y，其平均误差分别为 dx 和 dy，最后结果为 u，其函数关系为：$u = f(x, y)$。

其微分式为：
$$\mathrm{d}u = \left(\frac{\partial u}{\partial x}\right)_y \mathrm{d}x + \left(\frac{\partial u}{\partial y}\right)_x \mathrm{d}y \tag{1.3-8}$$

当 Δx 与 Δy 很小时，可以代替 $\mathrm{d}x$ 与 $\mathrm{d}y$，并考虑误差积累，故取绝对值。

$$\Delta u = \left(\frac{\partial u}{\partial x}\right)_y |\Delta x| + \left(\frac{\partial u}{\partial y}\right)_x |\Delta y| \tag{1.3-9}$$

Δu 称为函数 u 的绝对算术平均误差。其相对算术平均误差为

$$\frac{\Delta u}{u} = \frac{1}{u}\left(\frac{\partial u}{\partial x}\right)_y |\Delta x| + \frac{1}{u}\left(\frac{\partial u}{\partial y}\right)_x |\Delta y| \tag{1.3-10}$$

2. 间接测量结果的标准误差计算

设函数关系同上：$u = f(x, y)$，则标准误差为

$$\sigma_u = \sqrt{\left(\frac{\partial u}{\partial x}\right)_y^2 \sigma_x^2 + \left(\frac{\partial u}{\partial y}\right)_x^2 \sigma_y^2} \tag{1.3-11}$$

七、测量结果的正确记录与有效数字运算

实验数据不仅需要测量准确，而且还要数据记录准确和相关运算准确。一个物理量的数值，不仅能反映出其数值的大小，而且要能正确地反映出数据的可靠程度，反映实验方法和所用仪器的精确程度。因此，在实验数据的记录和结果的计算中，保留几位数字不是任意的，要根据测量仪器和数据处理方法来决定。例如用分析天平称量某物质为 0.1101g（分析天平感量为 0.1mg），不能记录为 0.110g 或 0.11010g。（25.0±0.2）℃是用普通温度计测量的，而（25.00±0.02）℃则是用 1/10 精密度的温度计测量的。所以，科学地记录实验数据和正确保留计算结果位数非常重要，不能随便增加或减少位数。由于有效数字与测量仪器精度有关，实验数据中任何一位数都是有意义的，不能随意增加或减少数据的位数，它包括测量中的几位可靠数字和最后估计的一位可疑数字。下面讲讲有效数字的位数及有效数字的运算规则。

1. 有效数字的位数

① 有效数字的位数是指从左边第一位不为零的数字至最后一位数字，与十进位制的变换无关，与小数点的位数无关。下列四个数据中前三个都有三位有效数字，

$$126 \qquad 0.126 \qquad 0.000126 \qquad 126000$$

对中间两个数据，因表示小数位置的"0"不是有效数字，不难判断为三位有效数字，但最后一个数据其后面三个"0"究竟是表示有效数字，还是标示小数点位置则无法判定。为了明确表示有效数字，一般采用指数表示法，上面四个数据用指数表示法为：

$$1.26 \times 10^2 \text{、} 1.26 \times 10^{-1} \text{、} 1.26 \times 10^{-4} \text{、} 1.26 \times 10^5$$

写成 1.26×10^4 表示三位有效数字，若写成 1.260×10^4，则表示四位有效数字。若某个物理量的第一位的数值等于或大于 8，则有效数字的总位数可以多算一位，例如，9.15 虽然实际上只有三位有效数字，但在运算时可以看作四位有效数字。计算平均值时，若有 4 个数或超过 4 个数相平均，则平均值的有效数字位数可增加一位。

② 任何一次直接测量值都要记到仪器刻度的最小估计读数，即记到第一位可疑数

字。如测量某电解质溶液电导率为 $0.1532\text{S}\cdot\text{m}^{-1}$，最后一位数字 2 是可疑的，可能有正负一个单位的误差，即该溶液的实际电导率是在 $(0.1532\pm0.0001)\text{S}\cdot\text{m}^{-1}$ 范围内的某一值。

③ 任何一物理量的数据，其有效数字的最后一位数在位数上与误差的最后一位一致。另外误差一般只有一位有效数字，至多不超过两位。如某物理量的测量值是 1.26，误差是 0.01，则

1.26±0.01，正确；

1.26±0.1，错误，缩小了结果的精确度；

1.26±0.001，错误，扩大了结果的精确度。

④ 有效数字的位数越多，数值精确程度也越大，即相对误差就越小，如，

1.25±0.01，表示三位有效数字，相对误差 0.8%；

1.2500±0.0001，表示五位有效数字。相对误差 0.008%。

⑤ 在舍弃不必要的数字时，应用"4 舍 6 入 5 成双"原则。即欲保留的末位有效数字的后面第一位数字为 4 或小于 4 时，则弃去；若为 6 或大于 6 时则在前一位（即有效数字的末位）加上 1；若等于 5 时，如前一位数字为奇数则加上 1（即成双），如前一位数字为偶数，则舍弃不计。

2. 有效数字的运算规则

（1）加减运算

当几个数据相加或相减时，计算结果的有效数字末位的位置应以各项中小数点后位数最少的数据为依据，即与绝对误差最大的那项相同，例如 0.0131、28.64、1.04762，三个数据相加，若各数末位都有 ±1 个单位的误差，则 28.64 的绝对误差 ±0.01 为最大的，也就是小数点后的位数最少的是 28.64 这个数，所以计算结果的第二位已属可疑，其余两个数据按有效数字位数的最后一条的方法整理后只保留两位小数。因此 0.0131 应写成 0.01；1.04762 应写成 1.05。三者之和为 0.01+28.64+1.05=29.70。

在大量数据的运算中，为使误差不迅速积累，对参加运算的所有数据，可以多保留一位可疑数据（多保留的这位数字叫"安全数字"）。

（2）乘除运算

当几个数据相乘除时，计算结果的有效数字位数应以各值中相对误差最大的那个数（有效数字位数最少的数）为依据。

例如：$2.3\times0.524=1.2$ 中，取 2.3 的两位有效数字。$\dfrac{1.751\times0.0191}{91}=3.67\times10^{-4}$ 中，91 的有效数字位数最少，但由于其第一位大于 8，所以应看作三位有效数字。

在复杂运算中，中间各步的有效数字位数可多保留一位，以免由于取舍引起误差的积累，影响结果的准确性。

（3）对数和指数运算

所取对数位数应与真数的有效数字的位数相同或多一位。

（4）常数的有效数字的取舍

在所有的计算中，常数 π、e 数值及乘除因子如 $\sqrt{2}$ 和 $1/\sqrt{2}$ 等的有效数字位数，可认为无限制，即在计算过程中，需要几位就可以写几位。取自手册的常数可按需要取有效数字的位数也是如此。

第四节 实验数据的表达、处理和软件在数据处理中的应用

一、物理化学实验数据的表达方法

物理化学实验数据的表达方法主要有三种：列表法、作图法和数学方程式法。下面分别介绍这三种方法。

1. 列表法

在物理化学实验中，数据测量一般至少包括两个变量，在实验数据中选出自变量和因变量。列表法就是将这一组实验数据的自变量和因变量的各个数值依一定的形式和顺序一一对应列出来。

列表时应注意以下几点：

① 每个表开头都应写出表的序号及表的名称；

② 表格的第一行都应该详细写上名称及单位，名称用符号表示，因表中列出的通常是一些纯数值，因此第一行的名称及单位应写成名称符号/单位符号，如 p（压力）/Pa；

③ 表中的数值应用最简单的形式表示，公共的乘方因子应放在栏头注明；

④ 每一行中的数字要排列整齐，小数点应对齐，应注意有效数字的位数。

2. 作图法

用作图法表达物理化学实验数据，能清楚地显示出所研究变量的变化规律，如极大值、极小值、转折点、周期性、数量的变化速率等重要性质。根据所作的图形，我们还可以作切线、求面积，将数据进一步处理。作图法应用极为广泛，其中最重要的应用如下：

（1）求外推值

有些不能由实验直接测定的数据，常常可以用作图外推的方法求得。主要利用测量数据间的线性关系，外推至测量范围之外，求得某一函数的极限值，这种方法称为外推法。

（2）求极值或转折点

函数的极大值、极小值或转折点，在图形上表现得很直观。例如"双液系气-液平衡相图的绘制"确定最低恒沸点（极小值）。

（3）求经验方程

若因变量与自变量之间有线性关系，那么就应符合下列方程

$$y = ax + b \qquad (1.4\text{-}1)$$

它们的几何图形应为一直线，a 是直线的斜率，b 是直线在纵轴上的截距。应用实验数据作图，作一条尽可能连接实验点的直线，从直线的斜率和截距便可求得 a 和 b 的具体数据，从而得出经验方程。

对于因变量与自变量之间是曲线关系而不是直线关系的情况，可对原有方程或公式作若干变换，转变成直线关系。如朗格缪尔吸附等温式：

$$\Gamma = \Gamma_\infty \frac{Kc}{1 + Kc} \qquad (1.4\text{-}2)$$

吸附量 Γ 与浓度 c 之间为曲线关系，难以求出饱和吸附量 Γ_∞。可将上式改写成：

$$\frac{c}{\Gamma} = \frac{1}{\Gamma_\infty}c + \frac{1}{K\Gamma_\infty} \tag{1.4-3}$$

以 $\frac{c}{\Gamma}$ 对 c 作图得一直线，其斜率的倒数为 Γ_∞。

（4）作切线求函数的微商

作图法不仅能表示出测量数据间的定量函数关系，而且可以从图上求出各点函数的微商。具体做法是在所得曲线上选定若干个点，然后用镜像法作出各切线，计算出切线的斜率，即得该点函数的微商值。

（5）求导数函数的积分值（图解积分法）

设图形中的因变量是自变量的导数函数，则在不知道该导数函数解析表示式的情况下，也能利用图形求出定积分值，称为图解积分，求曲线下所包含的面积常用此法。

3. 数学方程式法

一组实验数据可以用数学方程式表示出来，这样一方面可以反映出数据结果间的内在规律，便于进行理论解释或说明；另一方面这样的表示简单明了，还可进行微分、积分等其他变换。

对于一组实验数据，一般没有一个简单方法可以直接得到一个理想的经验公式，通常是先将一组实验数据画图，根据经验和解析几何原理，猜测经验公式的应有形式。将数据拟合成直线方程比较简单，但往往数据点间并不呈线性关系，则必须根据曲线的类型，确定几个可能的经验公式，然后将曲线方程转变成直线方程，再重新作图，看实验数据是否与此直线方程相符，最终确定理想的经验公式。

下面介绍几种直线方程拟合的方法：直线方程的基本形式是 $y = ax + b$，直线方程拟合就是根据若干自变量 x 与因变量 y 的实验数据确定 a 和 b。

（1）作图法

用实验数据做一直线，求直线斜率和截距。打开 Origin 软件，在表内 A 列输入自变量，B 列输入因变量，点击"直线"作图，然后点击"直线拟合"，软件给出拟合直线斜率和截距。

（2）平均法

平均法依据的原理是在一组测量数据中，正负偏差出现的机会相等，所有偏差的代数和将为零。计算时将所测的 m 对实验值代入方程 $y = ax + b$，得 m 个方程。将此方程分为数目相等的两组，将每组方程各自相加，分别得到方程如下：

$$\sum_{i=1}^{m/2} y_i = a\sum_{i=1}^{m/2} x_i + b \tag{1.4-4}$$

$$\sum_{i=m/2+1}^{m} y_i = a\sum_{i=m/2+1}^{m} x_i + b \tag{1.4-5}$$

解此联立方程，可得 a 和 b。

（3）最小二乘法

假定测量所得数据并不满足方程 $y = ax + b$ 或 $ax - y + b = 0$，而存在所谓残差 δ。令：$\delta_i = ax_i - y_i + b$。最好的曲线应能使各数据点的残差平方和 Δ 最小。即 $\Delta = \sum_{i=1}^{n} \delta_i^2 =$

$\sum\limits_{i=1}^{n}(ax_i-y_i+b)^2$ 最小。对于求函数 Δ 极值，我们知道一阶导数 $\dfrac{\partial\Delta}{\partial a}$ 和 $\dfrac{\partial\Delta}{\partial b}$ 必定为零，可得以下方程组：

$$\begin{cases} \dfrac{\partial\Delta}{\partial a}=2\sum\limits_{i=1}^{n}x_i(ax_i-y_i+b)=0 \\[3mm] \dfrac{\partial\Delta}{\partial b}=2\sum\limits_{i=1}^{n}(ax_i-y_i+b)=0 \end{cases} \tag{1.4-6}$$

变换后可得：

$$\begin{cases} a\sum\limits_{i=1}^{n}x_i^2+b\sum\limits_{i=1}^{n}x_i=\sum\limits_{i=1}^{n}x_iy_i \\[3mm] a\sum\limits_{i=1}^{n}x_i+nb=\sum\limits_{i=1}^{n}y_i \end{cases} \tag{1.4-7}$$

解此联立方程得 a 和 b：

$$\begin{cases} a=\dfrac{n\sum x_iy_i-\sum x_i\sum y_i}{n\sum x_i^2-(\sum x_i)^2} \\[4mm] b=\dfrac{\sum y_i}{n}-a\,\dfrac{\sum x_i}{n} \end{cases} \tag{1.4-8}$$

二、物理化学实验数据处理的方法

物理化学实验中常用的数据处理方法主要有以下三种：

（1）图形分析及公式计算，如"燃烧热的测定""凝固点下降法测定不挥发溶质的分子量""差热分析""希托夫法测量离子迁移数""恒电流法测定铁在酸中腐蚀的极化曲线""电导法测定醋酸电离平衡常数""溶胶的制备和 ζ 电位的测定"等实验用此方法。

（2）用实验数据作图或对实验数据计算后作图，然后线性拟合，由拟合直线的斜率或截距求得需要的参数。如"纯液体饱和蒸气压的测定""旋光法测定蔗糖水解反应的速率常数""丙酮碘化反应速率常数的测定""电导法测定乙酸乙酯皂化反应的速率常数"等实验用此方法。

（3）非线性曲线拟合，作切线，求截距或斜率。如"最大气泡法测定溶液的表面张力"等实验用此方法。

第（1）种数据处理方法用计算器即可完成，第（2）和第（3）种数据处理方法可用 Excel 和 Origin 软件在计算机上完成。第（2）种数据处理方法即线性拟合，用 Excel 软件很容易完成。第（3）种数据处理方法即非线性曲线拟合，如果已知曲线的函数关系，可直接用函数拟合，由拟合的参数得到需要的物理量；如果不知道曲线的函数关系，可根据曲线的形状和趋势选择合适的函数和参数，以达到最佳拟合效果，多项式拟合适用于多种曲线，通过 Origin 软件对拟合的多项式求导得到曲线的切线斜率，由此进一步处理数据。

三、软件处理物理化学实验数据的操作

1. 用 Excel 列表处理数据

在"纯液体饱和蒸气压的测定"实验中，直接测量了 8 个温度及对应的真空度。数据处

理时，要计算蒸气压、$1/T$、$\ln p$，作 $\ln p$-$1/T$ 图，拟合直线求斜率，计算平均摩尔汽化焓。用 Excel 处理数据步骤如下：

① 启动 Excel，将大气压、8 个温度及对应的真空度数据填入表格，在 D2～D8 格中输入公式计算 $1/T$，在 F2～F8 格中输入公式计算蒸气压，在 G2～G8 格中输入公式计算 $\ln p$，如图 1.4-1 所示。

	A	B	C	D	E	F	G
1	大气压 p_0/kPa	温度 t/ ℃	T/K	[1/(T/K)]*1000	$p_{真}$/kPa	$p=p_0-p_{真}$/kPa	$\ln p$/kPa
2	101.1	20	293.15	3.41	95.11	5.99	1.79
3	101.1	25	298.15	3.35	93.15	7.95	2.07
4	101.1	30	303.15	3.30	90.53	10.57	2.36
5	101.1	35	308.15	3.25	87.39	13.71	2.62
6	101.1	40	313.15	3.19	83.63	17.47	2.86
7	101.1	45	318.15	3.14	78.18	22.92	3.13
8	101.1	50	323.15	3.09	71.58	29.52	3.39

图 1.4-1　在表格中输入计算公式

② 在 G10 格中，通过菜单"公式"＞"插入函数"＞"SLOPE"，指定数据点范围，得到拟合直线的斜率。在 G12 格中，通过菜单"公式"＞"插入函数"＞"CORREL"，指定数据点范围，得到指定数据的相关系数，如图 1.4-2 所示。

	A	B	C	D	E	F	G
1	大气压 p_0/kPa	温度 t/ ℃	T/K	[1/(T/K)]*1000	$p_{真}$/kPa	$p=p_0-p_{真}$/kPa	$\ln p$/kPa
2	101.1	20	293.15	3.41	95.11	5.99	1.79
3	101.1	25	298.15	3.35	93.15	7.95	2.07
4	101.1	30	303.15	3.30	90.53	10.57	2.36
5	101.1	35	308.15	3.25	87.39	13.71	2.62
6	101.1	40	313.15	3.19	83.63	17.47	2.86
7	101.1	45	318.15	3.14	78.18	22.92	3.13
8	101.1	50	323.15	3.09	71.58	29.52	3.39
9							
10						$\ln p$ —— $1/T$ 直线斜率：	-5.01
11							
12						相关系数：	-0.9999

图 1.4-2　函数计算方法

2. 用 Origin 列表处理数据

Origin 是专业作图软件，功能齐全，使用方便。以"纯液体饱和蒸气压的测定"实验为例，作 $\ln p$-$1/T$ 图，如图 1.4-3 所示，步骤如下：

（1）用 Origin 作直线方程

① 启动 Origin 程序，在"Data"窗口内输入 $1/T$ 数据和 $\ln p$ 数据，在作图工具栏内选择"点图"模式，选择对应的数据，作出点图。

② 右键单击各图形元素，例如坐标、刻度、图例、必要的文字等，从弹出的快捷菜单中选择"Properties"，设置图形参数。

③ 通过菜单"Analysis"＞"Fit Polynomial"，设置有关参数，绘出拟合直线并显示直线方程。

（2）用 Origin 求斜率

"溶液吸附法测定固体比表面积"实验中，要求先根据不同浓度溶液的表面张力 σ-c 图，然后求图上一些点的斜率，用 Origin 来完成的步骤如下：

① 如图 1.4-4 所示，在 Origin Pro8.0 中，点选 Data 窗口 c 数据和 σ 数据，点击"点线"作图，得 σ-c 图（即 Graph1）。

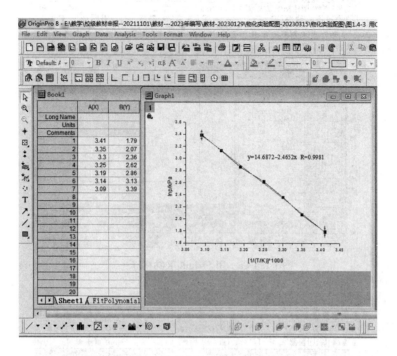

图 1.4-3　用 Origin 作图及拟合直线

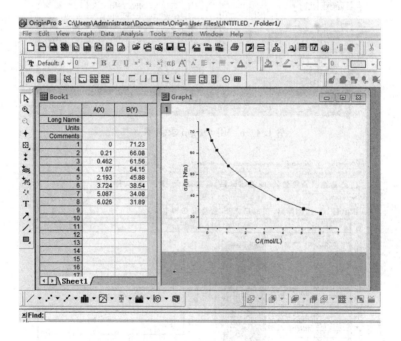

图 1.4-4　用 Origin 作图

②　激活 σ-c 图形窗口，通过菜单"Analysis"＞"Differentiate"，在 Data 窗口中另一列给出各点对应的斜率数据，如图 1.4-5a～图 1.4-5c 所示。

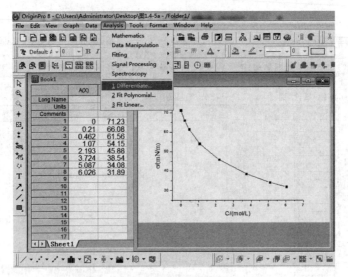

图 1.4-5a 用 Origin 求斜率（一）

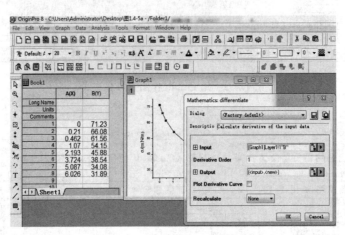

图 1.4-5b 用 Origin 求斜率（二）

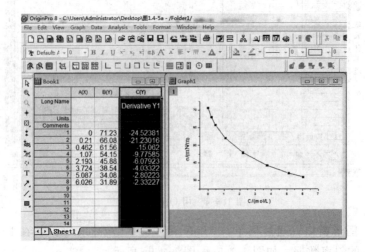

图 1.4-5c 用 Origin 求斜率（三）

③ 如图 1.4-6 所示，在 Origin Pro8.0 中，点选 Data 窗口 c（A(X)）数据和$\dfrac{\mathrm{d}\sigma}{\mathrm{d}c}$（C(Y)）斜率数据，点击"点线"作图，绘出与 $\sigma\text{-}c$ 图对应的微分曲线（$\mathrm{d}\sigma/\mathrm{d}c$）-$c$ 图（即 Graph2）。

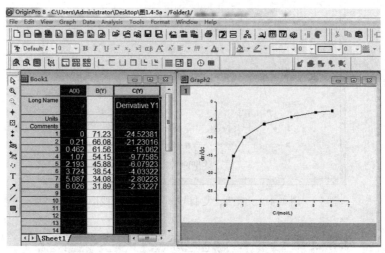

图 1.4-6　用 Origin 做微分曲线

④ 双击（$\mathrm{d}\sigma/\mathrm{d}c$）-$c$ 图坐标，设置左、右侧纵坐标相关参数，如图 1.4-7 所示。

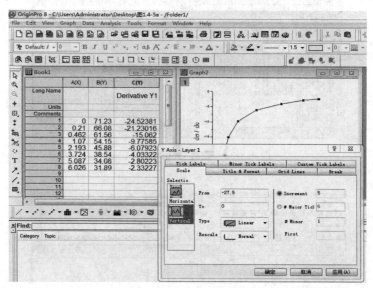

图 1.4-7　设置坐标参数

（3）用 Origin 作微分曲线

$\sigma\text{-}c$ 图与对应的微分曲线图有相同的横坐标，可以利用 Origin 的多图层功能，将两个图绘在一起，共用横坐标，$\sigma\text{-}c$ 图对应左边的纵坐标，微分曲线对应右边的纵坐标，如图 1.4-8～图 1.4-9 所示，步骤如下：

① 首先双击微分曲线（$\mathrm{d}\sigma/\mathrm{d}c$）-$c$ 图，边框出现图片中的蓝线和黄线为选中，然后使用键盘快捷键复制（Ctrl＋C），如图 1.4-8 所示。

② 然后点击跳到 Graph1，$\sigma\text{-}c$ 图的界面，如图 1.4-9a～图 1.4-9b 所示。

③ 使用键盘快捷键粘贴（Ctrl＋V），可以注意到的是图中的点线图被粘贴过来，并且

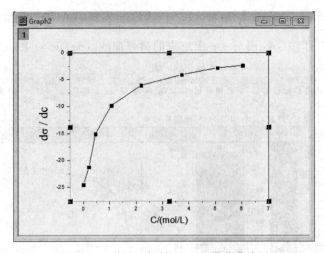

图 1.4-8　激活、复制 Graph2 微分曲线图

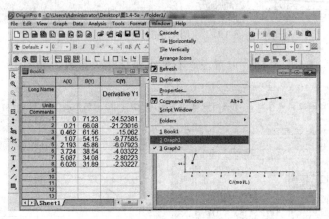

图 1.4-9a　激活 Graph1 图（一）

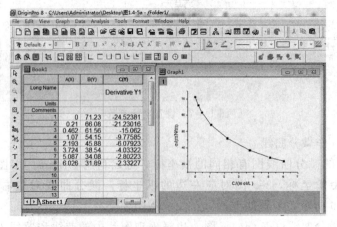

图 1.4-9b　激活 Graph1 图（二）

观察框中可以看到的是，序号由 1 变成了 1 和 2，说明现在这张图中出现了两个图层，如图 1.4-10 所示。但是唯一不够完美的是这两个图层并没有对齐。

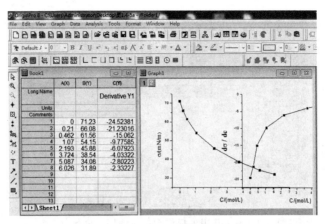

图 1.4-10 Origin 的多图层绘制

④ 点击图层 2，右键激活"Layer Properties"，将图层 2 左边距和上边距更改成和图层 1 一致就可以了，共用坐标作图如图 1.4-11a～图 1.4-11d 所示。

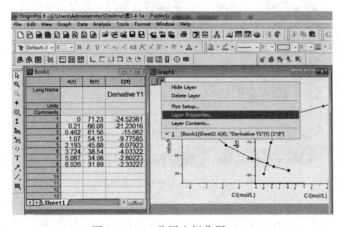

图 1.4-11a 共用坐标作图（一）

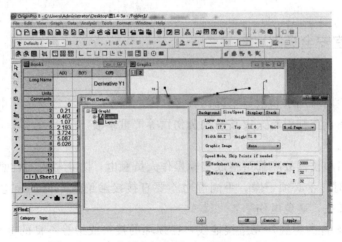

图 1.4-11b 共用坐标作图——图层 1 坐标（二）

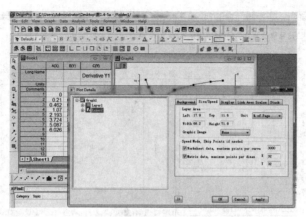

图 1.4-11c　共用坐标作图——图层 2 坐标（三）

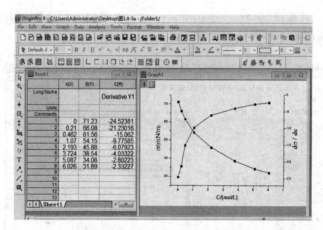

图 1.4-11d　共用坐标作图（四）

第五节　物理化学实验室安全常识

一、化学实验室安全规则

1. 安全用电

物理化学实验同时用水和电器情况比较多，因此需要特别注意安全用电。违规实验操作轻则造成仪器损坏，重则引起火灾甚至人员伤亡等严重事故。

（1）防止触电

实验操作不当和仪器故障都可造成实验操作人员触电，防止触电需注意以下几点：

① 操作电器时，手必须干燥，手潮湿时不要直接接触绝缘不好的通电电器，不要接触电源插座、仪器开关，避免电伤。

② 所有电器设备的金属外壳应接地线，已损坏的接头或绝缘不良的电线应及时更换。

③ 设备维修或安装电器时，必须先关闭仪器开关，然后拔掉电源插头。

④ 不能用试电笔去试高压电。

⑤ 遇到有人触电，应首先切断电源，因此必须清楚电源的总闸的位置。

（2）谨防电器短路

① 保险丝型号必须严格按照所用电器规定的电流量进行匹配，否则长期通过超负荷的电流时，容易引起火灾或其他严重事故。使用功率很大的仪器，应该事先计算电流量。同一间实验室使用多台仪器，应事先计算电流量，不得超过线路承载范围，避免引起火灾。

② 换仪器保险丝时，应先关闭仪器电源，拔掉仪器电源插头，不能在通电时换仪器保险丝。

③ 为防止电源短路造成事故，应避免电源零线和火线直接接触。电线或电器不能水淋或浸在导电的液体中，电路中各个接触部位要坚固。

（3）防止电器着火

因电线承受负荷、仪器使用负荷、仪器材质等原因，仪器也会着火，为防止电器着火，应该注意如下事项：

① 按允许的最大电流安装保险丝，保证电路中的电线不能过细。

② 负荷大的电器应安装较粗的电线，两条电线间的距离不要太近。

③ 电线接头要结合严密，生锈的仪器或接触不良处要及时处理，以免产生电火花。

④ 在继电器上可以连一个电容器，减弱电火花。

⑤ 室内空气保持通畅，严禁易燃气体周围有电器，避免易燃气体着火爆炸。

⑥ 禁止高温热源靠近电线，防止火灾。

⑦ 实验室内避免使用易燃气体，如遇电线起火，立即切断电源，用沙子或者二氧化碳灭火器、四氯化碳灭火器灭火，禁止用水或者泡沫灭火器等导电液体灭火。

⑧ 使用仪器前先了解仪器电源是交流电还是直流电，是三相电还是单相电以及电压的大小，了解电器功率是否符合要求及其直流电器仪表的正负极。

⑨ 仪表量程应该大于待测量，如果待测量大小未知，应从最大量程开始测量。

⑩ 实验之前要检查线路连接是否正确，经老师检查同意后方可接通总电源。实验过程中，如发现电器冒烟、电器内散发异味、仪器不正常声响和局部升温，应立即切断电源，并报告指导老师。

2. 汞的安全使用

在常温下汞可逸出蒸气，人体吸入会引起严重中毒。一般汞中毒可分为急性中毒与慢性中毒两种。急性中毒多由高汞盐入口（如吞入 $HgCl_2$），普通情况下 $0.1 \sim 0.3g$ 即可致死。汞蒸气可引起慢性中毒，其症状为食欲不振、恶心、贫血、骨骼和关节疼痛、神经系统衰弱。汞蒸气的最大安全浓度为 $0.1mg \cdot m^{-3}$，所以，必须严格遵守下列安全用汞操作规定。

① 不得有直接暴露于空气中的汞，在装有汞的容器中应在汞面上加水或其他不易挥发的液体覆盖。

② 倒汞操作，不论量多少一律在浅瓷盘上进行（盘中装水），使得在操作过程中偶然掉出的汞滴不至于散落桌上或地面。在倾去汞上的水时，应先在瓷盘上把水倒入烧杯，然后再把水倒入水槽。

③ 实验操作前应检查仪器安放处和仪器连接处是否牢固，橡皮管或塑料管的连接处一律用铁丝绑牢，以免在实验时脱落，使汞流出。

④ 倾倒汞时一定要缓慢，不要用超过 $250mL$ 的大烧杯盛汞，以免倾倒时溅出。

⑤ 储存汞的容器必须是结实的厚壁玻璃器皿或瓷器，以免由于汞本身的重量而使容器

破裂，如用烧杯盛汞不得超过 30mL。

⑥ 万一有汞掉落在地上、桌上或水槽等地方，应尽可能使用吸汞管收集起来，再用能与汞反应生成汞齐的硫黄粉末覆盖在汞溅落处，并研磨使汞变成 HgS，也可用 $KMnO_4$ 溶液使汞氧化。

⑦ 擦过汞齐的滤纸或布块必须放在有水的瓷缸内，盖好瓷缸口避免水挥发。

⑧ 装有汞的仪器应避免受热，放在远离热源的地方。

二、化学实验室意外事故处理

1. 化学灼烧处理

（1）酸（或碱）灼伤皮肤　立即用大量水冲洗，再用碳酸氢钠饱和溶液（或 1%～2% 乙酸溶液）冲洗，最后再用水冲洗，涂敷氧化锌软膏（或硼酸软膏）。

（2）酸（或碱）灼伤眼睛　不要揉搓眼睛，立即用大量水冲洗，再用 3% 的碳酸氢钠溶液（或用 3% 的硼酸溶液）淋洗，然后用蒸馏水冲洗。

（3）碱金属氰化物、氢氰酸灼伤皮肤　用高锰酸钾溶液洗，再用硫化铵溶液淋洗，然后用水冲洗。

（4）溴灼伤皮肤　立即用乙醇洗涤，然后用水冲净，涂上甘油或烫伤油膏。

（5）苯酚灼伤皮肤　先用大量水冲洗，然后用 4∶1 的乙醇（70%)-氯化铁（$1.0mol \cdot L^{-1}$）的混合液洗涤。

2. 割伤和烫伤处理

（1）割伤　若伤口内有异物，先取出异物后，用生理盐水或低浓度双氧水清洗伤口，然后用碘伏或者酒精等消毒剂对伤口进行消毒杀菌，预防伤口感染，再用消毒纱布包扎，或贴创可贴。

（2）烫伤　立即涂上烫伤膏，勿用水冲洗，更不能把烫起的水泡戳破。

3. 毒物与毒气误入口、鼻的处理

（1）毒物误入口　立即内服 5～10mL 稀 $CuSO_4$ 温水溶液，再用手指伸入咽喉促使呕吐毒物。

（2）刺激性、有毒气体吸入　误吸入煤气等有毒气体时，立即在室外呼吸新鲜空气；误吸入溴蒸气、氯气等有毒气体时，立即吸入少量乙醇和乙醚的混合蒸气解毒。

4. 触电处理

触电后，立即拉下电闸，必要时进行人工呼吸。当所发生的事故较严重时，做完上述急救措施后应急速送往医院治疗。

5. 起火处理

（1）小火、大火　小火用湿布、石棉或沙子覆盖燃物；大火应使用灭火器，而且需根据不同的着火情况，选用不同的灭火器，必要时应报火警。

（2）油类、有机溶剂着火　切勿用水灭火，小火用沙子或干粉覆盖灭火，大火用二氧化碳灭火器灭火，亦可用干粉灭火器。

（3）精密仪器、电器设备着火　切断电源，小火可用石棉布或湿布覆盖灭火，大火用四氯化碳灭火器灭火，亦可用二氧化碳灭火器。

（4）活泼金属着火　可用干燥的细沙覆盖灭火。

（5）纤维材质着火　小火用水降温灭火，大火用泡沫灭火器灭火。

（6）衣服着火　应迅速脱下衣服或用石棉覆盖着火处或卧地打滚。

三、化学实验室"三废"处理

化学实验室的"三废"种类繁多，实验过程产生的有毒气体和废水排放到空气中或下水道，同样对环境造成污染，威胁人们的健康。如 SO_2、NO、Cl_2 等气体对人的呼吸道有强烈的刺激作用，对植物也有伤害作用；As、Pb 和 Hg 等化合物进入人体后，不易分解和排出，长期积累会引起胃痛、皮下出血、肾功能损伤等；氯仿、四氯化碳等能致肝癌；多环芳烃能致膀胱癌和皮肤癌；CrO_3 接触皮肤破损处会引起溃烂不止等。故须对实验过程中产生的有毒有害物质进行必要的处理。

1. 常用的废气处理方法

（1）溶液吸收法　溶液吸收法即用适当的液体吸收剂处理气体混合物，除去其中有害气体的方法。常用的液体吸收剂有水、碱性溶液、酸性溶液、氧化剂溶液和有机溶液，它们可用于净化含有 SO_2、NO_x、HF、SiF_4、HCl、Cl_2、NH_3、汞蒸气、酸雾、沥青烟和各种组分有机物蒸气的废气。

（2）固体吸收法　固体吸收法是使废气与固体吸收剂接触，废气中的污染物（吸收质）吸附在固体表面从而被分离出来。此法主要用于净化废气中低浓度的污染物质，常用的吸附剂及其用途见表 1.5-1。

表 1.5-1　常用吸附剂及处理的物质

固体吸附剂	处理物质
活性炭	苯、甲苯、二甲苯、丙酮、乙醇、乙醚、甲醛、汽油、乙酸乙酯、苯乙烯、氯乙烯、H_2S、Cl_2、CO、CO_2、SO_2、NO_x、CS_2、CCl_4
浸渍活性炭	烯烃、胺、酸雾、硫醇、SO_2、Cl_2、H_2S、HF、HCl、NH_3、Hg、$HCHO$、CO、CO_2
活性氧化铝	H_2O、H_2S、SO_2、HF
浸渍活性氧化铝	酸雾、Hg、HCl、$HCHO$
硅胶	H_2O、NO_x、SO_2、C_2H_2
分子筛	H_2O、NO_x、SO_2、CO_2、H_2S、NH_3、CS_2、C_mH_n、CCl_4
焦炭粉粒	沥青烟
白云石粉	沥青烟

2. 常用的废水处理方法

（1）中和法　对于酸含量小于 3%～5% 的酸性废水或碱含量小于 1%～3% 的碱性废水，常采用中和处理方法。无硫化物的酸性废水，可用浓度相当的碱性废水中和，含重金属离子较多的酸性废水，可通过加入碱性试剂（如 NaOH、Na_2CO_3）进行中和。

（2）萃取法　采用与水不互溶但能良好溶解污染物的萃取剂，使其与废水充分混合，提取污染物，达到净化废水的目的。例如含酚废水就可采用二甲苯作萃取剂。

（3）化学沉淀法　在废水中加入某种化学试剂，使之与其中的污染物发生化学反应，生成沉淀，然后进行分离。此法适用于除去废水中的重金属离子（如汞、镉、铜、铅、锌、镍、铬等）、碱土金属离子（钙、镁）及某些非金属（砷、氟、硫、硼等）。如氢氧化物沉淀法可用 NaOH 作沉淀剂处理含重金属离子的废水，硫化物沉淀法是用 Na_2S、H_2S、CaS_2 或 $(NH_4)_2S$ 等作沉淀剂除汞、砷，铬酸盐法是用 $BaCO_3$ 或 $BaCl_2$ 作沉淀剂除去废水中的 CrO 等。

（4）氧化还原法　水中溶解的有害无机物或有机物，可通过化学反应将其氧化或还原，转化成无害的新物质或容易从水中分离除去的形态。常用的氧化剂主要是漂白粉，用于含氮废水、含硫废水、含酚废水及含氨氮废水的处理。常用的还原剂有 $FeSO_4$ 或 Na_2SO_3，用于还原六价铬；还有活泼金属如铁屑、铜屑、锌粒等，用于除去废水中的汞。此外，还有活性炭吸附法、离子交换法、电化学净化法等。

3. 常用的废渣处理方法

废渣主要采用掩埋法，有毒的废渣必须先进行化学处理后深埋在远离居民区的指定地点，以免毒物溶入地下水而混入饮水中。无毒废渣可直接掩埋，掩埋地点应有记录。

第二章

实验技术和仪器

第一节　温度测量技术和仪器

　　热是能量交换的一种形式，是在一定时间内以热流形式进行的能量交换量，热量的测量一般是通过温度的测量来实现的。温度表征了物体的冷热程度，是表述宏观物质系统状态的一个基本物理量，温度的高低反映了物质内部大量分子或原子平均动能的大小。在物理化学实验中许多热力学参数的测量、实验系统动力学或相变化行为的表征都涉及温度的测量和控制问题，因此准确测量和控制温度在科学实验中非常重要。

一、温标

　　温度量值的表示方法叫温标，目前，物理化学中常用的温标有两种：热力学温标和摄氏温标。

　　热力学温标也称开尔文温标，是以热力学第二定律为基础，建立在卡诺循环基础上，与测温物质性质无关的一种理想的、科学的温标，单位为 K。热力学温标规定水三相点的热力学温度为 273.15K，热力学温度符号用 T 表示。

$$T/K = 273.15 + t/\text{℃} \tag{2.1-1}$$

　　摄氏温标使用较早，应用方便，单位为℃，符号为 t。其定义为 101.325kPa 下，水的冰点为 0℃。

二、温度的测量

　　温度不同于其他物理量，不能直接进行测量，只能通过测量某些与其相关的物理量再导出，因此，温度是一个强度量，具有非叠加性。

　　许多物理性质与温度相关，温度可以作为表征物质特性的大量物理量的计量基础，因此，与温度有关的物理特性的物体都可以用来制作温度计和温度传感器，其物理参数必须满足以下条件：测量简便、复现性好、灵敏度高以及随温度单调变化，这样可以用这些物质的物理量相对应地表示温度值，温度计的种类型号繁多，如按测温的方式分类，可分为接触式温度计和非接触式温度计，下面介绍常用的温度计。

1. 水银温度计

水银温度计是常用的测量工具，其优点是结构简单、价格便宜、精确度高、使用方便等，缺点是易损坏且无法修理，以及读数易受许多因素影响而引起误差。一般应根据实验的目的不同，选用合适的温度计。

（1）水银温度计的种类和使用范围

① 常用$-5\sim150℃$、$-5\sim250℃$、$-5\sim360℃$等，最小分度为$1℃$或$0.5℃$。

② 量热用$9\sim15℃$、$12\sim18℃$、$15\sim21℃$、$18\sim24℃$、$20\sim30℃$，最小分度为$0.01℃$或$0.002℃$。

③ 用于测温差的贝克曼温度计是移液式的内标温度计，温差量程$0\sim5℃$，最小分度值为$0.01℃$。

④ 石英温度计用石英做管壁，其中充以氮气或氢气，最高可测温$800℃$。

（2）水银温度计的校正

大部分水银温度计是"全浸式"的，使用时应将其完全浸入被测体系中，使两者完全达到热平衡。但实际使用时常常做不到这一点，所以在较精密的测量中需作校正。

① 露茎校正　全浸式水银温度计如有部分露在被测体系之外，则读数准确性将受两方面的影响：第一是露出部分的水银和玻璃的温度与浸入部分不同，且受环境温度的影响；第二是露出部分长短不同，受到的影响也不同。为了保证示值的准确，必须对露出部分引起的误差进行校正。其方法如图 2.1-1 所示，用一支辅助温度计靠近测量温度计，其水银球置于测量温度计露出待测体系长度的中部，校正公式如下：

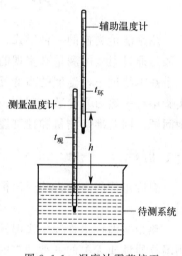

$$\Delta t_{露茎}=k\times h\times(t_{观}-t_{环}) \qquad (2.1\text{-}2)$$

式中，$k=0.00016$，h 是露出待测体系外部的水银柱长度，称为露茎高度，以温度差值表示；$t_{观}$ 为测量温度计读数；$t_{环}$ 为辅助温度计读数，测量系统的正确温度为

$$t=t_{观}+\Delta t_{露茎} \qquad (2.1\text{-}3)$$

② 零点校正　由于玻璃是一种过冷液体，属热力学不稳定系统，水银温度计下部玻璃受热后再冷却收缩到原来的体积，常常需要几天或更长时间，所以，水银温度计的读数将与真实值不符，必须校正零点，校正方法是将标准温度计与待校正温度计平行放入热溶液中，缓慢均匀加热，每隔$5℃$分别记录两支温度计的读数，求出偏差值 Δt。

图 2.1-1　温度计露茎校正

$$\Delta t=t_{待校正}-t_{标准} \qquad (2.1\text{-}4)$$

式中，$t_{待校正}$ 为待校正温度计的温度；$t_{标准}$ 为标准温度计的温度。

以待校正温度计的温度作为纵坐标，Δt 为横坐标，画出校正曲线，这样凡是用这支温度计测得的温度均可由曲线找到校正数值。标准水银温度计由多支温度计组成，各支温度计的测量范围不同，交叉组成$-10\sim360℃$范围，每支都经过计量部门的鉴定，读数准确，也可用纯物质的相变点校正。

2. 贝克曼温度计

物理化学实验中常用贝克曼温度计精密测量温差，其构造如图 2.1-2 所示。它与普通水银温度计的区别在于测温端水银球内的水银量可以借助毛细管上端的 U 状水银贮槽来调节。贝克曼温度计上的刻度通常只有 5 ℃或 6℃，每 1℃刻度间隔 5cm，中间分为 100 等份，可直接读出 0.01℃，用放大镜可估读到 0.002℃，可测量−20～155℃范围内不超过 5～6℃的体系温差，测量精密度高。主要用于量热技术中，如凝固点降低、恒温槽灵敏度的测定等精密测量温差的工作中。

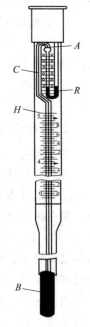

贝克曼温度计不能测量绝对温度，只能用于量程范围内温差的精密测量。水银球内的水银量可调，根据所测温度高低来调节水银量的多少，所测温度越高，球内的水银量越少。

贝克曼温度计在使用前需要根据待测系统的温度及误差的大小、正负来调节水银球中的水银量，把温度计的毛细管中水银端面调整在标尺的合适范围内。首先确定温度计刻度尺最高值 H 到连接点 A 相当于温度计多少度，可用尺子测量 H 到 A 的距离，然后与刻度尺比较，所相当的温度值设为 R℃。然后确定欲测温度的起始点，设它为 t。例如测量水的凝固点降低时，用一支量程为 5℃的贝克曼温度计，希望水的凝固点（0℃）在贝克曼温度计标尺的 3℃附近。我们就需要把水银上下连接好的温度计置于一个（5−3+R）℃的水浴中（水浴温度要准确）。恒温 5min 以上，取出温度计，左手握住贝克曼温度计的中部，使它垂直于地面，用右手沿温度计的轴向轻轻敲击左手腕部位，振动温度计，使水银在 A 点处断开。上下水银断开

图 2.1-2 贝克曼
温度计

后，必须验证所测体系的起始温度是否在刻度尺的合适位置。仍以测量水的凝固点降低为例，将调好的温度计放入 0℃的冰水中，观察贝克曼温度计的读数是否在 3℃左右（一般测水的凝固点下降时，贝克曼温度计所测体系的起始温度调节在 2～4℃），否则需要重新调整。

水银断开后温度计就不能随便放置，若所测体系的起始温度很低，如 0℃在贝克曼温度计的 3℃刻度附近，温度计应垂直，其中水银球 B 部分应完全浸没放在冰水中，不测量时，也应放在冰水中。

贝克曼温度计较贵重，下端水银球尺寸较大，玻璃壁很薄，极易损坏。使用时不要与任何物体相碰，不能骤冷骤热，避免重击，不能随意放置，用完后，必须立即放回盒内。

3. 电阻温度计

对温度变化敏感且重现性好的材料制成的温度计叫电阻温度计。

（1）铂电阻温度计

铂电阻是用直径 0.03～0.07mm 的铂丝绕在云母、石英或陶瓷支架上做成的。铂丝的熔点很高，热容非常小。电阻随温度变化的再现性高，与精密电桥或电位差计组成铂电阻温度计可使测温精度达到 0.001℃。因此，国际温标规定将铂电阻温度计作为 13.8033～1234.93K 之间的基准器。

（2）热敏电阻温度计

热敏电阻是一种对温度变化极其敏感的元件，其电阻值随温度发生显著的变化远高于铂电阻和热电偶。目前常用 Fe、Ni、Mn、Mo、Ti、Mg、Cu 等金属氧化物为原料熔结而成，可以做成各种形状，如珠状、筒状、片状等，且体积可以做到很小，特别适宜在−100～300℃之间测温。可直接将温度变化转换成电学参数变化（电阻、电压或电流）。测量电性能

的变化就可测出温度的变化。

热敏电阻的阻值与温度之间并非呈严格的线性关系，当测温范围较小时，可近似为线性关系。热敏电阻温度计的优点是电阻系数大，约为 $-6\% \sim -3\%$。热敏电阻温度计用一般电桥测量电阻变化即可达 $0.001℃$ 的灵敏度。热敏电阻温度计测量温差的精度可以代替贝克曼温度计，且热容小、反应快。在自动控制与电子线路的补偿电路中得到广泛应用。缺点是测温范围窄，稳定性差。每个电阻的阻值需要经常地标定。

4. 热电偶温度计

热电偶温度计是以热电效应为基础的测量仪。如果两种不同成分的均质导体形成回路，直接测温端叫测量端（热端），接线端叫参比端（冷端），当两端存在温差时，就会在回路中产生电流，那么两端之间就会存在 Seebeck 热电势，即塞贝克效应，如图 2.1-3。热电势的大小只与热电偶导体材质以及两端温差有关，与热电偶导体的长度、直径和导线本身的温度分布无关。因此可以通过测量热电势的大小来测量温度。这样一对导线的组合称为热电偶温度计，简称热电偶。对同一热电偶，如果参比端的温度保持不变，热电势就只与测量端的温度有关，故测得热电势后，即可求测量端的温度。

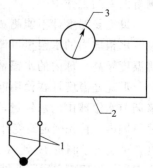

图 2.1-3 热电偶原理图
1—热电偶；2—连接导线；
3—显示仪表

热电偶具有构造简单，适用温度范围广，使用方便，承受热、机械冲击能力强以及响应速度快等特点，常用于高温区域、振动冲击大等恶劣环境，也适用于微小结构测温场合。几种常用类型的热电偶见表 2.1-1。

表 2.1-1 几种常用类型的热电偶

热电偶名称	分度号	温度范围/℃
铂铑 30-铂铑 6	B	$0 \sim 1600$
铂铑 10-铂	S	$0 \sim 1300$
铂铑 13-铂	R	$0 \sim 1300$
镍铬-镍硅	K	$0 \sim 1200$
镍铬-康铜	E	$0 \sim 750$
铁-康铜	J	$0 \sim 750$
铜-康铜	T	$-200 \sim 350$

三、温度控制技术

许多化学反应和物理化学性质的测量都需要在恒定温度条件下进行，这就需要我们掌握温度控制的技术。恒温控制可分为两类：一类是利用物质相变点温度来获得需要的温度，但温度的选择受到很大的限制；另一类是利用电子调节系统进行温度控制，此方法控制温度范围宽、可以任意调节温度。实验中所用的电子调节恒温装置一般分为常温恒温（室温～250℃）、低温恒温（$-218℃ \sim$ 室温）、高温恒温（$>250℃$）。

1. 恒温介质浴

利用物质的相变点温度恒定的特性来达到恒温效果。如：冰-水体系（0℃）、液氮（$-195.9℃$）、干冰-丙酮（$-78.5℃$）、沸点水（100℃）、沸点丙酮（56.5℃）、沸点萘（218.0℃）、沸点硫（444.6℃）等。

2. 电子调节系统控温

（1）常温控制

常温控制通常用恒温槽控制温度，它是一种可调节的恒温装置，是实验室常用的一种以液体为介质的恒温装置。用液体作介质的优点是热容量大，导热性好，使温度控制的稳定性和灵敏度大为提高，根据温度控制范围的不同，可用不同的液体介质。$0 \sim 90℃$时用水，$80 \sim 160℃$时用甘油或甘油-水溶液，$70 \sim 300℃$时用液体石蜡、汽缸润滑油或硅油。

（2）低温控制

如果实验室在低于室温的条件下进行，则需要用低温控制装置。对于比室温稍低的恒温控制，可以用常温控制装置，在恒温槽内放入蛇形管，其中用一定流量的冰水循环。如需要低于摄氏零度的温度，则需要选用适当的制冷剂。实验室中常用低共熔点的冰盐混合物使温度恒定。表 2.1-2 列出一些冰盐混合物的低共熔点。

表 2.1-2　冰盐混合物的低共熔点

盐	盐的质量分数/%	最低温度/℃	盐	盐的质量分数/%	最低温度/℃
KCl	19.5	−10.7	NaCl	22.4	−21.2
KBr	31.2	−11.5	KI	52.2	−23.0
$NaNO_3$	44.8	−15.4	NaBr	40.3	−28.0
NH_4Cl	19.5	−16.0	NaI	39.0	−31.5
$(NH_4)_2SO_4$	39.8	−18.3	$CaCl_2$	30.2	−49.8

实验室中，如果有需要，还常把制冷剂装入蓄冷桶，配以超级恒温槽，由超级恒温槽的循环泵输送测量用的液体。

（3）高温控制

高温通常是指 $250℃$ 以上的温度，动圈式温度控制器是目前用得比较多的高温控制器。动圈式温度控制器采用能工作于高温的热电偶作为变换器，热电偶将温度信号变换成电压信号。

3. 常温控制装置

玻璃恒温水浴是常见的常温控制装置。主要是由浴槽、接触式温度计（热电偶温度计）、继电器、加热器、搅拌器等组成。其中接触式温度计是重要部件，是决定控温精度的关键。

（1）工作原理

当恒温槽的温度低于目标温度时，温度控制器通过继电器的作用，使加热器加热；恒温槽温度高于目标温度时，即停止加热。通过这种继电器通断方式控制恒温槽温度在一微小的区间内波动。

（2）恒温槽结构和功能

恒温槽一般由浴槽、加热器、搅拌器、感温元件、恒温控制仪等部分组成。

① 浴槽　通常采用玻璃槽以利于观察，其容量和形状视需要而定。物理化学实验一般采用 10L 圆形玻璃缸。恒温槽液体介质根据控温范围选择，如：乙醇或乙醇-水溶液（−60～30℃）、水（20～80℃）、甘油或甘油-水溶液（80～160℃）、石蜡油或硅油（70～200℃）。如恒温在 50℃ 以上时，可在水面上加一层液体石蜡，避免水分蒸发。

② 加热器　常用的是电加热器。加热器的选择原则是热容量小、导热性能好、功率适当。根据恒温槽的容量、恒温温度以及与环境的温差大小来选择电加热器的功率。通常在加热器前加一个和加热器功率相适应的调压器，使加热器功率可根据需要自由调节。

③ 感温元件　它作为恒温槽的感觉中枢，是提高恒温槽精度的关键所在。感温元件的种类很多，如接触温度计、热敏电阻感温元件等。

④ 搅拌器　搅拌器的选择与工作介质的黏度有关，如：水、乙醇类黏度较小的工作介质一般采用40W的电动搅拌器，用变速器来调节搅拌速度。

⑤ 恒温控制仪　由直流电桥电压比较器、控温执行继电器等部分组成。当感温元件感受到的实际温度低于控温设定温度时，加热指示灯红灯亮，并通过继电器闭合，接通控温继电器输出接线柱，使控温箱加热；当感温元件感受到的实际温度高于或等于设定温度时，加热指示灯红灯熄灭，控温继电器也恢复常开状态，断开控温继电器输出接线柱，使加热器停止加热。当感温元件感受到的温度再下降时，继电器再闭合，重复上述过程，从而达到控温的目的。

⑥ 继电器　继电器与加热器和感温元件相连，组成温度控制系统。

⑦ 温度计　用1/10℃温度计作为观察温度用。为了测定恒温槽的灵敏度，可用1/100℃温度计或贝克曼温度计测量温差。实验一中使用温度温差测量仪测量恒温槽的温差值。

(3) 使用方法

实验一恒温槽性能测试和温度计校正中将做详细介绍。

第二节　热分析测量技术和仪器

热是体系与环境之间能量交换的一种形式，测量一定条件下热效应的大小及其对时间的函数关系，对科学研究和生产实践均有重要意义。为了研究物质某些性质随时间或温度变化的关系，反映体系在各平衡态时的信息，通过程序控温技术，如差热分析（DTA）、差示扫描量热（DSC）及热脱附（TPD）等非等温的实验方法，研究物质在各平衡态之间转变的动力学信息。

一、热分析测量技术

热分析是在程序控温条件下测量物质的物理化学性质与温度关系的一类技术。热分析是一类多学科的通用技术，应用范围广泛。本节只简单介绍DTA、DSC和TG的基本原理、测试技术和部分仪器的使用。

1. 差热分析和差示扫描量热法

(1) 概述

熔融、升华或晶型转变以及化学反应等变化过程总是伴随着吸热或放热。伴随这种变化的热效应与时间或温度成函数关系，这是差热分析和差示扫描量热法的基础。利用这些热分析方法还可测定固体样品的热容、纯度及提供绘制相图的信息和动力学数据。

热分析是在程序控制温度的条件下，测量物质的物理性质与温度之间关系的一类技术，只讨论程序升温时物质的熔变与温度的关系，不涉及程序降温或其他控温形式及升温时其他物理性质的变化及测量。

选取一种对热稳定的物质作为参比物，将其与待测样品一同置于加热炉内，以一定速率 v 使温度升高。则 t 时刻温度 T 与起始温度 T_0 的关系为：

$$T = T_0 + v\mathrm{d}t$$

(2.2-1)

当体系达到一定温度时,试样发生变化,伴随的热效应使体系温度偏离控制程序。放热过程体系的热焓减小,$\Delta H < 0$,试样温度偏高;吸热过程体系的 $\Delta H > 0$,样品温度偏低。

（2）仪器工作原理

图 2.2-1 为 DTA 和 DSC 的工作原理。经典 DTA 常用一金属块作为样品保持器,以确保样品和参比物处于相同的加热条件。DSC 的主要特点是试样和参比物各有独立的加热元件和测温元件,并由两个系统进行监控;一个用于控制升温速率,另一个用于补偿试样和惰性参比物之间的温差。为提高灵敏度,DSC 所用样品容器与电热丝紧密接触,目前最高使用温度只达到 750℃。DTA 一般可用到 1600℃ 的高温,最高可达 2400℃。

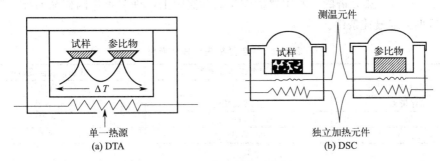

图 2.2-1　热分析仪示意图

（3）主要影响因素

热分析是一种动态技术,许多因素会对所得到的曲线产生明显影响。实验条件的变化,不仅会改变峰的温度,有时甚至连峰形及峰的个数都会有影响。故热分析必须严格控制实验条件,而且在表述结果时还应对实验条件作详细说明。

① 温度的标定　热分析曲线是以温度作为变量,为了正确表述过程变化时的温度,须对仪器标示的温度值加以标定。国际热分析联合会确定了 14 种标准物质,用于热分析仪器的温度标定。标定方法是在所需温度范围内,选取几种标准物质,测定其熔点或晶型转变点的外延起始温度 T_E,作出仪器的温度校正曲线,根据曲线校正查出对应的观察温度 $T_{延}$。

② 仪器方面的因素　加热炉的形状和尺寸,样品皿或支架的材料、大小及几何形状,仪器的响应等对热分析结果都有影响。

③ 实验条件对热分析曲线的影响

a. 升温速率　升温速度增大使热效应峰的起始、峰顶及终止温度都会有不同程度的偏高,致使峰形状尖锐,峰面积可能增大。升温速率还影响峰的检测灵敏度和相邻峰的分辨率。

b. 炉内气氛　静止或流动的氧化性、还原性、惰性气氛及真空状态对某些 DTA 或 DSC 曲线有明显影响。这主要与化学反应或化学平衡有关。例如,草酸钙吸热分解生成的 CO,在氧化性气氛中会燃烧,在曲线上将出现一个较大的放热峰将原来的吸热峰完全遮盖。又如,碳酸盐的分解产物 CO_2 如被气流（或真空泵）带走,将会导致分解（吸热）峰向较低温度方向移动。

c. 热电偶位置　若热电偶位置偏离中心或位于样品表层,显示的温度常会偏高。

（4）试样的处理

试样的导热性能及气体在样品中的扩散性质都将改变热分析曲线的形状。

① 样品用量　用量多,测定灵敏度提高,结果的偶然误差也将减小;用量少,样品基本上处于相同的温度和气氛条件下,均一性较好。但若用量过多,常使样品存在温度梯度,

导致峰扩大、分辨率下降。

② 样品粒度 较大的样品颗粒会导致峰形宽、分辨率差，受扩散控制的反应过程与样品粒度关系更为密切。总之，颗粒必须均匀，且以 200 目左右粒度为宜。

③ 装填情况 DTA 中样品装填不均易引起导热和温度的差异，曲线将会出现一些无法解释的小峰，主峰的位置也会移动。

④ 稀释剂的影响 为防止样品烧结或改善样品的导热、透气性和基线状况，有时在样品中加入参比物或其他热惰性材料作为稀释剂。

（5）操作参数

表 2.2-1 提供了热分析的一些主要操作参数。实际上，许多条件因样品而异，测试前要先尝试然后再选定最佳条件。

表 2.2-1　热分析主要操作参数

主要参数	欲获得较佳分辨率	欲获得较佳灵敏度
样品粒度	宜小	宜大
样品保持器	金属恒温块	小容器
气氛	H_2、He 等	真空
升温速率	宜慢	宜快

2. 热重法

热重分析法（thermogravimetric analysis，TG）是在程序控温下测量物质质量与温度关系的一种技术。许多物质在加热过程中常伴随质量的变化，这种变化过程有助于研究晶体性质，如熔化、升华和吸附等物理现象，也有助于研究物质的脱水、解离、氧化和还原等化学现象。

（1）TG 的基本原理与仪器

进行热重分析的基本仪器为热天平，一般包括天平、炉子、程序控温系统、记录系统等。有的热天平还配有通入气氛系统或真空装置。典型的热天平如图 2.2-2 所示。除热天平外，还有弹簧秤，国内已有 TG 和 DTG（微商热重法）联用的示差天平。

热重分析法通常可分为两大类：动态法和静态法。动态法是在程序升温情况下，测量物质质量变化与时间的函数关系。静态法的等压质量变化测定，是指某物质的挥发性产物在恒定分压下，物质平衡与温度 T 的函数关系。以失重 Δm 为纵坐标，温度 T 为横坐标作等压质量变化曲线图。等温质量变化的测定是指某物质在恒温下，质量变化 Δm 与时间 t 的函数关系，质量变化为纵坐标，时间为横坐标，获得等温质量变化曲线图。

在控制温度下，试样受热后质量减轻，天平（弹簧秤）向上移动，使变压器内磁场移动，输电功率改变；另外，加热电路温度缓慢升高时热电偶所产生的电位差输入温度控制器，经放大后由信号接收系统绘出 TG 热分析图谱。

热重分析实验得到的曲线称为热重曲线（TG 曲线），如图 2.2-3 中曲线（a）所示。TG 曲线以质量作纵坐标，从上向下表示质量变化；以温度（或时间）作横坐标，从左至右表示温度（或时间）增加或减少。

DTG 是 TG 对温度（或时间）的一阶导数。以物质的质量变化速率 dm/dt 对温度 T（或时间 t）作图，即得 DTG 曲线，如图 2.2-3 中曲线（b）所示。DTG 曲线上的峰代替 TG 曲线上的阶梯，峰面积正比于试样质量。DTG 曲线也可用适当的仪器直接测得，DTG 曲线提高了 TG 曲线的分辨力。

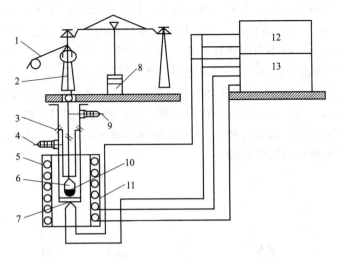

图 2.2-2　热天平原理图

1—机械减码；2—吊挂系统；3—密封管；4—出气口；5—加热丝；6—试样盘；7—热电偶；

8—光学读数；9—进气口；10—试样；11—管状电阻炉；12—温度读数表头；13—温控加热单元

（2）影响热重分析的因素

热重分析实验结果的影响因素分为两类：一是仪器因素，包括升温速率、炉内气氛、炉内几何形状和坩埚的材料等；二是试样因素，包括试样的质量、粒度、装样的紧密程度和试样的导热性等。

在 TG 的测定中，升温速率增大会使试样分解温度明显升高，从而改变 TG 曲线的位置。试样量越大，这种影响越大。对受热产生气体的试样，试样量越大，气体越不易扩散。此外，试样量大时，试样内温度也高，将影响 TG 曲线的位置。总之，测定时应根据天平的灵敏度，尽量减小试样量。试样的粒度不能太大，否则将影响热量的传递；粒度也不能太小，否则开始分解的温度和分解完毕的温度都会降低。

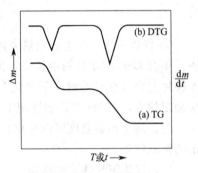

图 2.2-3　热重曲线

3. 热重分析法的应用

热重分析法的主要特点是定量性强，能准确地测量物质的质量变化及变化的速率，只要物质受热时发生变化，就可用热重法来研究其变化。

热重分析法在许多方面均有应用：a. 无机物、有机物及聚合物的热分解；b. 金属在高温下受各种气体的腐蚀过程；c. 固态反应；d. 矿物的煅烧和冶炼；e. 液体的蒸馏和汽化；f. 煤、石油和木材的热解过程；g. 湿度、挥发物及灰分含量的测定；h. 升华过程；i. 脱水和吸潮；j. 爆炸材料的研究；k. 反应动力学的研究；l. 发现新化合物；m. 吸附和解吸；n. 催化活性的测定；o. 表面积的测定；p. 氧化稳定性和还原稳定性的研究；q. 反应机制的研究。

（1）熔变的测定

实验条件选定后，可从 DTA 或 DSC 曲线峰面积来确定热效应 ΔH 值的大小：$\Delta H = KA/m$（式中，m 为样品的质量；K 为仪器系数；A 为曲线峰面积）。将 DTA 曲线的峰面积转化为热量的因素较为复杂，在定量测定方面，DSC 的精度高于 DTA。

① 峰面积的表示　DSC 直接记录的是热流量随时间的变化曲线。该曲线与基线所构成的峰面积与焓变成正比，故不考虑热容及样品不均匀性等因素的影响。DTA 曲线的峰面积同样也与热效应大小成正比，故在不同情况下正确求算峰面积很关键，图 2.2-4 表示四种较常见峰面积的确定方法。其中（a）峰面积容易求算，（b）和（c）通常是因样品在变化过程中热容改变而引起的，（b）可用基线连接峰面积，（c）基线的漂移反映产物的热容与样品明显不同，常将峰面积分成两部分之和，（d）是分辨不理想的两个相邻峰，在两峰面积相差不大的情况下，可采用电脑软件处理。

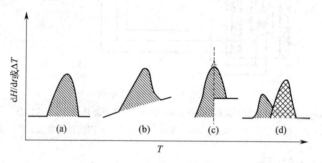

图 2.2-4　热分析曲线峰面积

② 仪器系数　与上述量热方法一样，仪器系数可通过测定已知热效应物质的方法来求得。尽管 DSC 的定量精度较高，但其仪器系数 K 在一定程度上与温度有关，故有必要使用多种标定物质在若干温度下测定仪器系数。通常，在低于 750℃ 的温度区间内，多以 DSC 法测定焓变，在 750℃ 以上则用 DTA 法测定焓变。

为正确求出各温度区间的仪器系数，国际热分析联合会推荐了苯甲酸、铟等作为量热校正的标准物质。

（2）固体恒压热容的测定

热容数值不仅与过程有关，而且也与温度有关。用热分析法测定热容，尽管其测量精确度较差，但因其操作简便，使用范围广，故常被采用。当样品物质的温度以线性增长时，流入样品的热流与样品的瞬时热容成正比，即

$$\frac{dH}{dt} = mC_p \times \frac{dT}{dt} \tag{2.2-2}$$

因实验测定的 dH/dt 和 dT/dt 数据都有一定的误差，故并不直接用式（2.2-2）求算 C_p 值。通常用已知质量和热容的标准物质（如蓝宝石）与样品在同样条件下作比较，得到样品的热容随温度变化的函数关系，所得热容的精度可达 0.3%。测定方法是：将两个空的铝制样品皿分别放在样品支架和参比支架上，在较低温度下记录一条恒温基线。然后程序升温，扫描测定温区，停止温度扫描后，再记录较高温度时的另一条恒温基线。然后用该样品皿依次测定已知质量的样品（$m_{样}$）和蓝宝石（$m_{蓝}$），在相同条件下分别测定其 DSC 曲线（如图 2.2-5 所示）。根据同一温度下样品曲线与蓝宝石曲线的高度 $h_{样}$ 和 $h_{蓝}$，可求得样品和蓝宝石的比热容：

$$C_{p样} = C_{p蓝} \times \frac{h_{样}}{h_{蓝}} \times \frac{m_{样}}{m_{蓝}} \tag{2.2-3}$$

不同温度下的蓝宝石比热容数据可从手册查得，代入式（2.2-3）即可得到样品的比热

容。因所测焓变微小，测定时应选用较高灵敏度和较大的升温速率，以提高曲线的高度。

4. DZ3339 热重分析仪简介

（1）工作原理

见"差热分析和差示扫描量热法、热重法"部分概述。

（2）使用方法

① 打开仪器电源预热 4h。

② 将试样称重放入坩埚中，在另一只坩埚中放入质量相等的参比物（Al_2O_3），然后将样品坩埚放

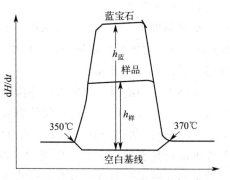

图 2.2-5 350～370℃的 DSC 曲线

在样品专用的托盘上，参比物放在另一托盘上。此后按下"平衡"键，仪器进入平衡操作（仪器液晶屏显示：Poise）。

③ 设置参数值：按下设置键，仪器进入设置状态，用"→"键选择所要设置的参数，用"▼▲"键将温度调至所需要值（$CuSO_4 \cdot 5H_2O$ 的实验温度为 450℃），将升温速率调节至 10℃/min，按"结束"键，退出设置状态。

④ 打开 TGA-DSC 分析仪软件"绘图"栏，点击"开始绘图"，启动位于 TGA-DSC 差示扫描量热仪正下方的"RUN"键，开始测试。电脑上出现温度、温差、热重随时间变化的曲线。仪器"运行"标示闪动。运行结束，主机发出滴声，"运行"标示停止闪动。

⑤ 保存实验结果，退出 TGA-DSC 分析仪软件，关闭实验仪器。

（3）注意事项

① 试样研磨成与参比物粒度相仿，两者装填在坩埚中的紧密程度应尽量相同。

② 不得使用硬物清洁样品支架及实验池，以免对仪器造成永久性损害。

③ 坩埚从支架上跌落至实验池底部时，应使用外部光源自上而下窥视实验池，看清坩埚位置后用镊子小心地将坩埚夹出，操作时必须非常小心，以免损坏样品支架。

④ 样品支架污染严重时，可以将：HT 设为 600℃，SD 设为 20℃/min，WT 设为 30min，按"RUN"键，运行结束。

⑤ 仪器长期搁置不用或做低温试验期间，基线出现不平整、毛刺等现象，是因水分浸入实验池，可以将：HT 设为 400℃，SD 设为 20℃/min，WT 设为 30min，按"RUN"键，运行结束，基线恢复正常。

二、热化学测量技术

1. 量热方法

"量热"通常包括物质计量和热量测定两大部分。热效应大小与参比态以及体系本身的压力、温度、体积等状态有关。故热量的测定必须标明各种有关参数，以便比较。热量测定一般在标准状态或某一特定状态下进行测定。

热量计，也称量热计，按测量原理分为补偿式和温差式两大类，按工作方式又可分为恒温、环境恒温和绝热三种。①恒温：$T_{体} = T_{环} = $ 定值，热阻 $R_{热} \to 0$；②环境恒温：$T_{体} = f(t)$，$T_{环} = $ 定值，$R_{热}$ 有一定值；③绝热：$T_{体} = T_{环} = f(t)$，$R_{热} \to \infty$。

（1）恒温的含义

把体系处于一个热容量很大的恒温环境中，设两者之间的热导率非常大，其间的热阻 $R_热$ 趋于零，则体系与环境的热交换可在瞬间完成。因此，发生热效应的体系和环境的温度相等，$T_体 = T_环 = $ 定值。

实际上，环境需要相变或电补偿效应予以补偿，才有可能抵消体系传导出来的热效应，热效应的大小恰好可以通过补偿的能量计算出来。在理想条件下，体系温度 $T_体$ 和环境温度 $T_环$ 应不随时间和空间而异。实际测量中，体系、测温元件、介质、加热或冷却元件之间的差异即滞后是必然存在的。所谓"恒温"，只是温度变化的幅度可以忽略而已。尽管如此，恒温量热在热化学测量中占有重要的地位。

（2）环境恒温

环境恒温就是在环境温度恒定的条件下来测量体系温度变化的情况。此处的环境，通常是一个恒温浴、相变浴或金属恒温块。在燃烧焓变测量试验中所用到的氧弹热量计尽管没有恒温浴，但可认为它是以室温夹套作为环境的，故可将其视为环境恒温测量方式的情况。$T_环$ 不变，$T_体$ 是时间的函数，实际上只是 $T_体$ 的线性函数。

热损失（或称"热漏"），是量热实验中引起误差的重要因素。环境恒温测量方法没有必要将热量损失减至最小。重要的是，在一定温差时的热漏情况应有较好的再现性，以便通过标定予以校正。当然，热漏过分严重，必将降低热量计的灵敏度。

（3）绝热

理想的绝热状态是被测体系与环境之间无热量交换。若热效应过程极为迅速，整个测定过程中来不及进行热交换；或体系与环境的隔热效果极好，热阻无限大，都可视为绝热过程。然而，这两种方法在实际使用中都难以实现。较为可行的方法是，让环境温度随体系温度改变，两者适中保持一致，即

$$T_体 = T_环 = f(t) \tag{2.2-4}$$

若被测体系与环境的接触面很大，或体系温度变化过于急剧，则因传热过快或环境补偿滞后，将引起较大误差。通常绝热测量适于热效应变化较慢的过程。在扫描量热中，热效应 Q 的数值可通过测定补偿电功来计算。

2. 热量计的测量原理

（1）补偿式量热

将研究体置于热量计中，热效应将引起体系温度的变化，补偿式量热方法是以热流方式及时、连续地给予补偿，使体系温度得以保持恒定。常用方法是利用相变潜热和电-热或电-冷效应。

① 相变补偿量热法　若将反应体系置于冰水浴中，其热效应将使部分冰融化或使部分水凝固。只要知道冰的单位质量融化焓变，再测得冰水转变的质量，就可求得热效应的数值。这是一种最简单的热量计，它简单易行，灵敏度和准确度都较高，热损失小。然而，热效应是处于相变温度这一特定条件下发生的，应用有一定的局限性。

② 电效应补偿量热法　对于一个吸热的化学变化，可将体系置于一液体介质中，利用电热效应对其补偿，使介质温度保持恒定。这类量热计的工作原理与恒温水浴相似，由测温系统将测温值与设定值比较后，反馈给控温系统。其不同点在于，加热器所消耗的电功可由电压 U、电流 I 和时间 t 的精确测定求得。如不考虑体系介质与外界的热交换，则该变化过程的焓

变 ΔH 为：$\Delta H = Q_p = \int U(t)I(t)\mathrm{d}t$。介质温度可按需要设定，温度波动可用高灵敏度的温度计测定。电量的测量精度远高于温度的测量精度，只要介质恒温良好，焓变的测定值就准确可靠。而介质与外界的热交换、搅拌介质所产生的热量及其他干扰因素都可由空白试验校正。

对于放热反应，必须使用电制冷元件，利用 Peltier 效应来补偿。但电冷效应补偿热量计不常见。

（2）温差式量热

热量计中产生的热效应，在只导致量热计温度变化的情况下，其热量可用不同时间 t 或不同位置 x_i 的温度差来表示：

$$\Delta T = T(t_1) \cdot T(t_2) \text{ 或 } \Delta T = T(x_1) \cdot T(x_2) \tag{2.2-5}$$

① 时间温差测量法　氧弹热量计就是根据温度随时间变化的原理设计的。

热效应：
$$Q_V = C_{\text{计}} \cdot \Delta T \tag{2.2-6}$$

式中，$C_{\text{计}}$ 为热量计的热容，它包括构成量热计的各部件、工作介质及研究体系本身，与测量时的温度甚至与热效应所造成的温差 ΔT 有关。热量计与环境水夹套也存在热交换（即"热漏"）。故 $C_{\text{计}}$ 必须用已知热效应值的标准物质，或用电能在相近的实验条件下进行标定，再以雷诺（Reynolds）作图法予以修正。

② 位置温差测量法　体系的热效应以一定的热流形式向量热计或周围环境散热。同时测量两个位置的温度 $T(x_1)$ 和 $T(x_2)$，由其温差对时间积分可求得热量：

$$Q = K \int \Delta T(t)\mathrm{d}t \tag{2.2-7}$$

式中，K 为仪器常数，由标定求得。

③ 空白、标定及其他　为提高热量测定结果的可靠性，要在与实验操作条件完全一致的情况下做空白试验，以校正由搅拌、热导、热漏等因素带来的影响。

在较精密的测量中，为避免外界条件波动的影响，常设计一个作为参比的量热容器，与测量容器组成双体式结构。参比容器的工作条件尽量与测量容器一致。热效应的测量是以两者的温度差为基础的。故热量计可看成是一个用于比较热效应的仪器，实验中仪器常数常采用已知反应热的化学反应或精确测量的电能作为标定基础。电补偿恒温和绝热测量方法就是直接以电能来度量热效应的，通过电压和电流强度随时间变化的情况，用专门软件积分求得消耗的电功，将其与体系热量变化相联系。

3. XRY-1 型氧弹式量热计

氧弹式量热计属于温差式的环境恒温测量技术。

（1）测量原理

当产物的温度与反应物的温度相同，在反应过程中只做体积功而不做其他功时，化学反应吸收或放出的热量，称为该过程的热效应，亦称"反应热"。热化学中定义：在指定温度和恒定压力下，1mol 物质完全燃烧生成指定产物的焓变，称为该物质在此温度下的摩尔燃烧焓变，记作 $\Delta_c H_m$。通常，C、H 等元素的燃烧产物为 $CO_2(g)$ 和 $H_2O(l)$。因上述条件下 $\Delta_c H_m = Q_p$，故 ΔH 是物质燃烧反应的恒压热效应 Q_p。

在实际测量中，燃烧反应常在恒容条件下进行（如在氧弹式量热计中），故直接测得的是反应的恒容热效应 Q_V（即燃烧反应的摩尔燃烧热力学内能为 $\Delta_c U_m$）。若将反应系统中的气体视为理想气体，则 $\Delta_c H_m$ 和 $\Delta_c U_m$ 的关系为：

$$\Delta_c H_m = \Delta_c U_m + RT \sum v_B(g) \tag{2.2-8}$$

实验测得 Q_V 值，按式(2.2-8)就可计算出 Q_p，即燃烧焓变值 $\Delta_c H_m$。测量热效应的仪器称作量热计，使用较多的是氧弹式量热计（如图 2.2-6、图 2.2-7 所示）。

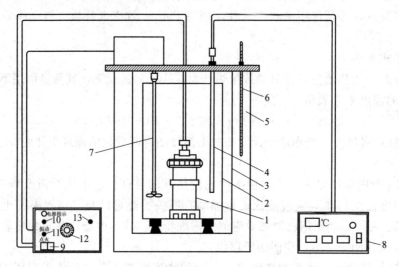

图 2.2-6　XRY-1 型氧弹式量热计装置

1—氧弹；2—内桶；3—挡板；4—感温元件；5—恒温水夹套；6—水银温度计；

7—搅拌桨；8—精密温度温差测量仪；9—电极线接口；10—电源开关；

11—点火功能键；12—点火电流；13—搅拌器开关

在盛有定量水的容器中，放入内装有 $m\,g$ 样品并充入足够量氧气的密闭氧弹，然后样品完全燃烧，放出的热量传给水及仪器，引起温度上升。设体系（包括内水桶、氧弹、测温元件、搅拌器和水）的总热容（总水当量）为 $C_总$（量热计每升高 1K 所吸收的热量称为热容），燃烧前、后的温度为 T_1 和 T_2，则此样品的摩尔燃烧热 Q_V 为：

$$-m_样 Q_V - m_1 \cdot Q_1 = C_总 \cdot \Delta T \tag{2.2-9}$$

式中，Q_V 为样品的恒容燃烧热，$J \cdot g^{-1}$；$m_样$ 为样品的质量，g；$C_总$ 为仪器的总热容，$J \cdot K^{-1}$，也称能当量或水当量；m_1 和 Q_1 是引燃用金属丝的质量和恒容燃烧热。

仪器热容的求法是用一定质量的已知燃烧焓变的物质（一般用苯甲酸），放在量热计中燃烧，测其始、末温度，按式(2.2-9)即可求出 $C_总$。在较精确的实验中，还要考虑燃烧丝等的燃烧焓变。

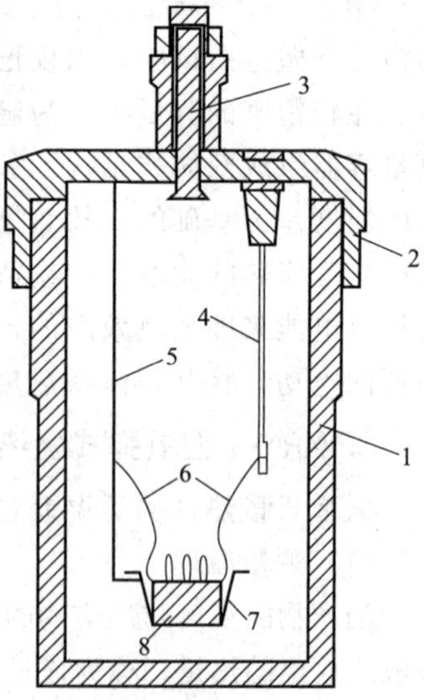

（2）使用方法

① 样品压片　用压片机将待测样品粉末压片。

② 装样　打开氧弹盖，放在氧弹架上，在氧弹内加入少量水，取一段金属引燃丝，把引燃丝两端接在氧弹两电极上（注意不能接触氧弹壁而造成短路），金属丝中部与样品片充分接触，但金属丝与样品杯不可

图 2.2-7　氧弹剖面图

1—弹体；2—弹盖；3—出气管；

4，5—电极；6—引燃金属丝；

7—样品杯；8—样品片

相碰。

③ 充氧　把连在氧气瓶减压阀上的专用进气口接入进气小孔，打开减压阀，先置换氧弹中的空气，然后充氧，同时观察减压阀表压，在压力 1.0～1.5MPa 时充氧 30s（切勿超过 1.5MPa），停止充气，取下进气口。将氧弹装入量热器内桶中，内桶加入比夹套水温低 1℃的水 3000mL。

④ 测量　测定点火前、点火后不同时刻的温度。

（3）注意事项

① 充氧时注意氧气瓶和减压阀的正确使用，注意两者的开关方向；

② 内桶中加 3000mL 水后若有气泡逸出，说明氧弹漏气，须维修或更换；

③ 电机搅拌时不得有摩擦刮壁声；

④ 氧气瓶在开总阀时要检查减压阀是否关好，实验结束后要关上钢瓶总阀，排净减压阀与钢瓶间余气，使指针回零；

⑤ 点火前，内桶水温要恒定或基本恒定。

第三节　压力的测量、控制技术和仪器

在研究化学热力学和动力学时，压力是一个十分重要的参数，许多物理化学性质，例如蒸气压、沸点、熔点等几乎都与压力密切相关，因此正确掌握测量压力的方法和技术十分重要。压力的测量常涉及常压、高压以及真空（负压）体系，不同压力范围，测量方法不同，故仪器的精确度也不同。

一、常压测量技术及仪器

1. 压力的表述

（1）压力的含义

压力是指垂直作用于单位面积上的力，也称作压力强度（简称压强），用 P 表示。国际单位制（SI）用帕斯卡作为通用的压力单位，以 Pa 表示。当作用于 $1m^2$ 面积上的力为 1N 时，就是 1Pa 压力，$1Pa = 1N \cdot m^2$。因 Pa 太小，工程上常用其倍数单位 MPa 来表示，$1MPa = 10^6 Pa$。

（2）压力的习惯表示法

习惯上压力有多种表述法。

① 绝对压力　以 P_{ab} 表示。指实际存在的压力，又叫总压力。

② 相对压力　指体系压力和大气压力（P_a）相比较得出的压力。

绝对压力高于大气压时，此时压力为正压力，以 P_g 表示。表压（用测压仪测量时的体系压力）在数值上等于绝对压力与大气压的差值，即

$$P_g = P_{ab} - P_a \tag{2.3-1}$$

绝对压力低于大气压时，表压小于零，此时压力为负压力，简称负压，又名"真空"，负压力的绝对值大小就是真空度，以 P_{vm} 表示，其数值为

$$P_{vm} = P_a - P_{ab} \tag{2.3-2}$$

实际上，测压仪表大部分都是测压差的，因为都是将被测压力与大气压力相比较而测出

的两个压力的差值，以此来确定体系压力的大小。

2. 压力计

（1）福廷式气压计

测量大气压强的仪器称为气压计，实验室最常用的气压计是福廷式气压计。其构造见图 2.3-1。福廷式气压计的外部为一黄铜管，内部是一顶端封闭的装有汞的玻璃管，玻璃管插在下部汞槽内，玻璃管上部为真空。在黄铜管的顶端开有长方形窗口，并附有刻度标尺，在窗口内放一游标尺，转动螺丝可使游标上下移动，这样可使读数的精确度达到 0.1mm 或 0.05mm。黄铜管的中部附有温度计，汞槽的底部为一柔性皮袋，下部由调节螺丝支持，转动调节螺丝可调节汞槽内汞液面的高低，汞槽上部有一个倒置固定的象牙针，其针尖即为主标尺的零点。

福廷式气压计使用时按下列步骤进行。垂直放置气压计，旋转底部调节螺丝，仔细调节水银槽内汞液面，使之恰好与象牙针尖接触（利用槽后面的白瓷板的反光，仔细观察），然后转动游标尺调节螺丝，调节游标尺，直至游标尺两边的边缘与汞液面的凸面相切，切点两侧露出三角形的小空隙，这时，游标尺的零刻度线对应的标尺上的刻度值，即为大气压的整数部分，从游标尺上找出一个恰与标尺上某一刻度线相吻合的刻度，此游标尺上的刻度值即为大气压的小数部分。记下读数后，转动螺丝 11，使汞液面与象牙针脱离，同时记录气压计上的温度和气压计本身的仪器误差，以便进行读数校正。如图 2.3-2 所示，图（a）读出的大气压为 760.2mmHg，图（b）读出的大气压为 761.2mmHg。

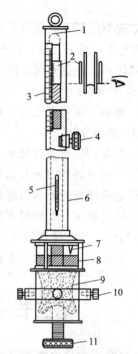

图 2.3-1　福廷式气压计

1—封闭的玻璃管；2—游标尺；
3—主标尺；4—游标尺调节螺丝；
5—温度计；6—黄铜管；7—零点象牙针；8—汞槽；9—皮袋；10—铅直调节固定螺丝；11—汞槽液面调节螺丝

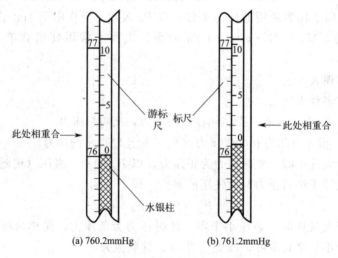

　　　游标尺　　标尺

　　此处相重合→　　　　　　　←此处相重合

　　　　　水银柱

　（a）760.2mmHg　　　　（b）761.2mmHg

图 2.3-2　福廷式压力计读数

（2）U 形压力计

U 形压力计是物理化学实验中用得最多的压力计，其优点是构造简单，使用方便，能测量微小压力差。缺点是测量范围较小，示值与工作液的密度有关，也就是与工作液的种类、纯度、温度及重力加速度有关，且结构不牢固，耐压程度较差。

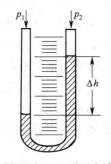

图 2.3-3　U 形压力计

U 形压力计由两端开口的垂直 U 形玻璃管及垂直放置的刻度标尺构成，管内盛有适量工作液体作为指示液。图 2.3-3 中 U 形管的两支管分别连接于两个测压口，因为气体的密度远小于工作液的密度，因此，由液面差 Δh 及工作液的密度 ρ 可得下列式子：

$$p_1 - p_2 = \rho g \Delta h \tag{2.3-3}$$

这样，压力差 $p_1 - p_2$ 的大小即可用液面差 Δh 来度量，若 U 形管的一端是与大气相通的，则可测得系统的压力与大气压力的差值。

二、真空技术及仪器

真空是指低于标准压力的气态空间，真空状态下气体的稀薄程度，常以压强值表示，习惯上称作真空度。现行的国际单位制（SI）中，真空度的单位和压强的单位均统一为帕，符号为 Pa。

在物理化学实验中通常按真空的获得和测量方法的不同，将真空划分为以下几个区域：

粗真空　　　　$10^5 \sim 10^3$ Pa；

低真空　　　　$10^3 \sim 10^{-1}$ Pa；

高真空　　　　$10^{-1} \sim 10^{-6}$ Pa；

超高真空　　　$10^{-6} \sim 10^{-10}$ Pa；

极高真空　　　$< 10^{-10}$ Pa。

在近代的物理化学实验中，凡是涉及气体的物理化学性质、气相反应动力学、气固吸附以及表面化学研究，为了排除空气和其他气体的干扰，通常都需要在一个密闭的容器内进行，必须首先将干扰气体抽去，创造一个具有某种真空度的实验环境，然后将被研究的气体通入，才能进行有关研究。因此真空的获得和测量是物理化学实验技术的一个重要方面，学会真空体系的设计、安装和操作是一项基本技能。

1. 真空的获得

为了获得真空，就必须设法将气体分子从容器中抽出，凡是能从容器中抽出气体，使气体压力降低的装置，都可称为真空泵。一般实验室用得最多的真空泵是水泵、机械泵和扩散泵。

（1）水泵

水泵也叫水流泵、水冲泵，构造见图 2.3-4。水经过收缩的喷口以高速喷出，使喷口处形成低压，产生抽吸作用，由体系进入的空气分子不断被高速喷出的水流带走。水泵能达到的真空度受水本身的蒸气压的限制，20℃时极限真空度约为 10^3 Pa。

（2）机械泵

常用的机械泵为旋片式真空泵。图 2.3-5 是旋片式真空泵的构造，气体从真空体系吸入泵的入口，随偏心轮旋转的旋片使气体压缩，进而从出口排出，转子的不断旋转使这一过程不断重复，因而达到抽气的目的。这种泵的效率主要取决于旋片与定子之间的严密程度。为了减少转动摩擦和防止漏气，排气阀门及其下部的机械泵内部的空腔部分用密封油密封。机械泵用的密封油要求在泵工作温度下有较小的饱和蒸气压和适当的黏度，泵的极限真空度一般为 $1\sim10^{-1}$ Pa，抽气速率每分钟数十升到数百升。旋片式真空泵具有体积小、质量轻、噪声低、启动方便等优点，实验室常用它获得低真空，或作为获得高真空的前级泵，即与增压泵、扩散泵等组成高真空机组。

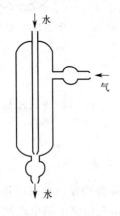

图 2.3-4　水流泵

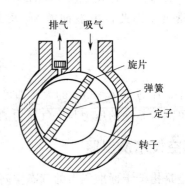

图 2.3-5　旋片式真空泵

使用旋片式真空泵必须注意如下事项：

① 油泵不能用来直接抽出可凝性的蒸气（如水蒸气）、挥发性液体（如乙醚、苯等），应在体系和泵的进气管之间串接吸收塔或冷阱，如用氯化钙或五氧化二磷吸收水汽，用石蜡油或吸收油吸收烃蒸气，用活性炭或硅胶吸收其他蒸气，冷阱常用制冷剂有干冰（$-78℃$）或液氮（$-196℃$）。

② 在泵启动后宜先打开气镇阀，运转 $20\sim30$ min 后再关闭气镇阀。机械泵停止运行前，可再打开气镇阀空载运行 30 min，以延长泵油寿命。

③ 油泵不能用来抽吸腐蚀性气体（如 HCl、Cl_2、NO_2 等），腐蚀性气体能侵蚀油泵内精密机件的表面，使真空度下降。必须在油泵进气口前连接固体 $NaOH$ 吸收塔。

④ 油泵不适用于抽吸能与泵油起化学反应的、含有颗粒尘埃的气体，及含氧过高的、有爆炸性的、有毒的气体。

⑤ 启动前查看油位和油的洁净度，应及时添加或更换泵油。泵油需采用规定的清洁真空泵油，从油孔加入，注油至油标中心为宜，加油完毕应旋紧加油孔螺塞。油位过低无法油封排气阀门，油位过高则会在启动时喷油。运转时，油位有所升高属正常。

⑥ 连接负压系统的管道，直径应小于泵进气口径，尽可能短且少装弯头，以减少抽速损失。

⑦ 工作环境温度要求 $5\sim40℃$。当环境温度过高时，油的温度升高，黏度下降，饱和蒸气压增大而引起泵的极限真空下降。加强通风散热或改善泵油性能，泵的极限真空可得到改善。

⑧ 泵进气口连续接通大气运转不得超过 1 min。

⑨ 油泵工作时突然断电、停电，以及在油泵停止运转前，应迅速使泵与大气相通，避

免泵油进入负压系统，并影响油泵的正常性能。所以在连接负压系统时，应当在油泵的进气口前连接一个安全缓冲瓶，以玻璃活塞控制与系统的通断，安全瓶上另有玻璃活塞控制与大气的连通。

⑩ 油泵由电动机带动，使用时应注意输入电压。运转时电动机温度不能超过 60℃。正常运转时不应有摩擦、金属撞击等异响。

（3）扩散泵

扩散泵的原理是利用一种工作物质高速从喷口处喷出，在喷口处形成低压，对周围气体产生抽吸作用而将气体带走。这种工作物质在常温时应是液体，并具有极低的蒸气压，用小功率的电炉加热就能使液体沸腾汽化，沸点不能过高，通过水冷却能使汽化的蒸汽冷凝下来，过去用汞，现在通常采用硅油。扩散泵的工作原理可见图 2.3-6，硅油被电炉加热沸腾气化后，通过中心导管从顶部的二级喷口处喷出，在喷口处形成低压，将周围气体带走，而硅油蒸气随即被冷凝成液体回到底部，循环使用。被夹带在硅油蒸气中的气体在底部聚集，立即被机械泵抽走。在上述过程中，硅油蒸气起着一种抽运作用，其抽运气体的能力决定于以下三个因

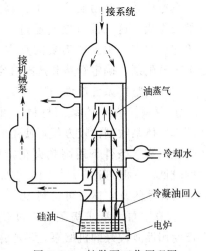

图 2.3-6　扩散泵工作原理图

素：硅油本身的摩尔质量要大，喷射速度要高，喷口级数要多。现在用摩尔质量大于 3000 以上的硅油作工作物质的四级扩散泵，其极限真空度可达 $10^{-7} Pa$，三级扩散泵可达 $10^{-4} Pa$。

油扩散必须用机械泵为前级泵，将其抽出的气体抽走，不能单独使用。扩散泵的硅油易被空气氧化，所以使用时应用机械泵先将整个体系抽至低真空后，才能加热硅油。硅油不能承受高温，否则会裂解，硅油蒸气压虽然极低，但仍然会蒸发一定数量的油分子进入真空体系，沾污被研究对象。因此一般在扩散泵和真空体系连接处安装冷凝阱，以捕捉可能进入体系的油蒸气。

2. 真空的测量

真空测量实际上就是测量低压下气体的压力，所以量具通称为真空规。由于真空度的范围宽达十几个数量级，因此总是用若干个不同的真空规来测量不同范围的真空度。常用的真空规有 U 形水银压力计、麦氏真空规、热偶真空规和电离真空规等。

（1）麦氏真空规

麦氏真空规其构造如图 2.3-7 所示，它是利用波义耳定律，将被测真空体系中的一部分气体（装在玻璃泡和毛细管中的气体）加以压缩，比较压缩前后体积、压力的变化，算出其真空度。通常，麦氏真空规已将真空度直接刻在标尺上，不再需要计算。使用时只要闭口毛细管中的汞面刚达零线，立即关闭活塞，停止汞面上升，这时开管 R 中的汞面所在位置的刻度线，即所求真空度。麦氏真空规的量程范围为 $10 \sim 10^{-4} Pa$。

（2）热偶真空规和电离真空规

热偶真空规是利用低压时气体的导热能力与压力成正比的关系制成的真空测量仪，其量程范围为 $10 \sim 10^{-1} Pa$。电离真空规是一只特殊的三极电离真空管，在特定的条件下根据正

离子流与压力的关系，达到测量真空度的目的，其量程范围为 $10^{-1} \sim 10^{-6} Pa$。通常是将这两种真空规复合配套组成复合真空计，已商品仪器在售。

3. 真空体系的设计和操作

真空体系通常由真空产生、真空测量和真空使用三部分组成，这三部分之间通过一根或多根导管、活塞等连接起来。根据所需要的真空度和抽气时间来综合考虑选配泵，确定管路和选择真空材料。

（1）真空体系各部件的选择

① 材料　真空体系的材料，可以用玻璃或金属，玻璃真空体系吹制比较方便，使用时可观察内部情况，便于在低真空条件下用高频火花检漏器检漏，但其真空度较低，一般可达 $10^{-1} \sim 10^{-3} Pa$。不锈钢材料制成的金属体系的真空体系可达到 $10^{-10} Pa$ 的真空度。

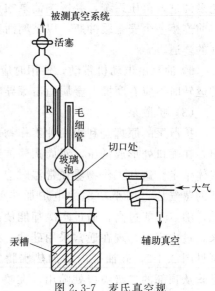

图 2.3-7　麦氏真空规

② 真空泵　要求极限真空度仅达 $10^{-1} Pa$ 时，可直接使用性能较好的机械泵，不必用扩散泵。要求真空度优于 $10^{-1} Pa$ 时，则用扩散泵和机械泵配套。选用真空泵主要考虑泵的极限真空度的抽气速率。对极限真空度要求高，可选用多级扩散泵，要求抽气速率大，可采用大型扩散泵和多喷口扩散泵。扩散泵应配用机械泵作为它的前级泵，选用机械泵要注意它的真空度和抽气速率应与扩散泵匹配。如用小型玻璃三级油扩散泵，其抽气速率在 $10^{-2} Pa$ 时约为 $60 mL \cdot s^{-1}$，配套一台抽气速率为 $30 L \cdot min^{-1}$（1Pa 时）的旋片式机械泵就正好合适。真空度要求优于 $10^{-6} Pa$ 时，一般选用钛泵和吸附泵配套。

③ 真空规　根据所需量程及具体使用要求来选定。如真空度在 $10 \sim 10^{-2} Pa$ 范围，可选用转式麦氏规或热偶真空规。真空度在 $10^{-1} \sim 10^{-4} Pa$ 范围，可选用座式麦氏规或电离真空规。真空度在 $10 \sim 10^{-6} Pa$ 较宽范围，通常选用热偶真空规和电离真空规配套的复合真空规。

④ 冷阱　冷阱是在气体通道中设置的一种冷却式陷阱，使气体经过时被捕集的装置。通常在扩散泵和机械泵间要加冷阱，以免有机物、水汽等进入机械泵。在扩散泵和待抽真空部分之间，一般也要装冷阱，以防止油蒸气沾污测量对象，同时捕集气体。常用冷阱结构如图 2.3-8，具体尺寸视所连接的管道尺寸而定，一般要求冷阱的管道不能太细，以

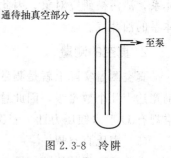

图 2.3-8　冷阱

免冷凝物堵塞管道或影响抽气速率；也不能太短，以免降低捕集效率。冷阱外套杜瓦瓶，常用冷剂为液氮、干冰等。

⑤ 管道和真空活塞　管道和真空活塞都是玻璃真空体系上连接各部件用的。管道的尺寸对抽气速率影响很大，所以管道应尽可能粗而短，尤其在靠近扩散泵更应如此。选择真空活塞应注意它的孔芯大小要和管道尺寸相配合。对高真空来说，用空心旋塞较好，它重量轻，温度变化引起漏气的可能性较小。

⑥ 真空涂敷材料　真空涂敷材料包括真空脂、真空泥和真空蜡等。真空脂用在磨口接

头和真空活塞上，国产真空脂按使用温度不同，分为 1 号、2 号、3 号真空脂，真空泥用来修补小沙孔或小缝隙，真空蜡用来胶合难以融合的接头。

（2）真空体系的检漏和操作

① 真空泵的使用　启动扩散泵前要先用机械泵将体系抽至低真空，然后接通冷却水，接通电炉，使硅油逐步加热，缓缓升温，直至硅油沸腾并正常回流为止。停止扩散泵工作时，先关加热电源至不再回流后关闭冷却水进口，再关扩散泵进出口旋塞。最后停止机械泵工作。油扩散泵中应防止空气进入（特别在温度较高时），以免油被氧化。

② 真空体系的检漏　低真空体系的检漏，最方便的是使用高频火花真空检漏仪。它是利用低压力（$10^3 \sim 10^{-1}$ Pa）下气体在高频电场中，发生感应放电时所产生的不同颜色来估计气体的真空度的。使用时，按住手揿开关，放电簧端应看到紫色火花，并听到蝉鸣响声。将放电簧移近任何金属物时，应产生不少于三条火花线，长度不短于 20mm，调节仪器外壳上面的旋钮，可改变火花线的条数和长度。火花正常后，可将放电簧对准真空体系的玻璃壁，此时如压力小于 10^{-1} Pa 或大于 10^3，则紫色火花不能穿越玻璃壁进入真空部分，若压力大于 10^{-1} Pa 而小于 10^3 Pa，则紫色火花能穿越玻璃壁进入真空部分内部，并产生辉光。当玻璃真空体系上有微小的沙孔漏洞时，由于大气穿过漏洞处的电导率比玻璃高很多，因此当高频火花真空检漏仪的放电簧移近漏洞时，会产生明亮的光点，这个明亮的光点就是漏洞所在处。

实际的检漏过程如下：启动机械泵后数分钟，可将体系抽至 10^{-1} Pa，这时用火花检漏器检查可以看到红色辉光放电。然后关闭机械泵与体系连接的旋塞，五分钟后再用火花检漏器检查，其放电现象应与前相同，如不同则表明体系漏气。为了迅速找出漏气所在处，常采用分段检查的方式进行，即关闭某些旋塞，把体系分成几个部分，分别检查。用高频火花仪对体系逐段仔细检查，如果某处有明亮的光点存在，在该处就有沙孔。检漏器的放电簧不能在某一地点停留过久，以免损伤玻璃。玻璃体系的铁夹附近及金属真空体系不能用火花检漏器检漏。查出的个别小沙孔可用真空泥涂封，较大漏洞须重新熔接。

体系能维持初级真空后，便可启动扩散泵，待泵内硅油回流正常后，可用火花检漏器重新检查体系，当看到玻璃管壁呈淡蓝色荧光，而体系没有辉光放电时，表明真空度已优于 10^{-1} Pa。否则，体系还有极微小漏气处，此时同样再利用高频火花检漏仪分段检查漏气，再以真空泥涂封。

若管道段找不到漏孔，则通常为活塞或磨口接头处漏气，须重涂真空脂或换接新的真空活塞或磨口接头。真空脂要涂得薄而均匀，两个磨口接触面上不应留有任何空气泡或"拉丝"。

③ 真空体系的操作　在启开或关闭活塞时，应双手进行操作，一手握活塞套，另一手缓缓旋转内塞，使开、关活塞时不产生力矩，以免玻璃体系因受力而扭裂。

对真空体系抽气或充气时，应通过活塞的调节，使抽气或充气缓缓进行，切忌体系压力过剧的变化，因为体系压力突变导致 U 形水银压力计内的水银冲出或吸入体系。

三、气体钢瓶及使用

1. 气体钢瓶的颜色标记

我国气体钢瓶多用彩色标记，见表 2.3-1。

表 2.3-1 我国气体钢瓶的常用彩色标记

盛装气体	钢瓶颜色	钢瓶标字	标字颜色	盛装气体	钢瓶颜色	钢瓶标字	标字颜色
氮气	黑	氮	黄	氯气	草绿	氯	白
氧气	天蓝	氧	黑	乙炔	白	乙炔	红
氢气	深蓝	氢	红	氟氯烷	铝白	氟氯烷	黑
压缩空气	黑	压缩空气	白	石油气体	灰	石油气	红
二氧化碳	黑	二氧化碳	黄	粗氩气	黑	粗氩	白
氨气	棕	氨	白	纯氩气	灰	纯氩	绿
液氨	黄	氨	黑				

2. 气体钢瓶的使用

（1）使用操作步骤

① 给气瓶安装配套的减压阀，检查减压阀是否关紧（逆时针旋转调压手柄至螺杆松动为止）。

② 打开钢瓶阀门，此时高压表显示出钢瓶内气体压力。

③ 慢慢地顺时针转动调压手柄，至低压表显示出实验所需压力为止。

④ 停止使用时，先关闭气瓶阀门，待减压阀门中的余气泄尽后，再关闭减压阀。

（2）使用注意事项

① 钢瓶应存放在阴凉、干燥、远离潜在热源的地方，可燃性气瓶应与氧气瓶分开存放。

② 搬运钢瓶时，要旋上钢瓶帽，且轻移轻放。

③ 使用时一定要配装减压阀和压力表。可燃性气瓶（如 H_2、C_2H_2）气门螺丝为反丝，不燃性或助燃性气瓶（如 N_2、O_2）气门螺丝为正丝。各种钢瓶和压力表一般不可混用。

④ 不要让油或易燃物沾染到气瓶上（特别是气瓶出口和压力表上）。

⑤ 开启气瓶阀门时，不要将头或身体正对阀门，以防万一阀门松动而冲出伤人。

⑥ 不可把气瓶内气体用尽，一般要保留 0.05MPa 以上的残留压力，以防重新充气时发生危险。

⑦ 使用中的气瓶每三年检定 1 次，装腐蚀性气体的钢瓶每两年检定 1 次，不符合要求的气瓶不可继续使用。

⑧ 氢气瓶应放在远离实验室的专用小屋内，用紫铜管引入实验室，并安装防止回水装置。

（3）减压阀及其使用

① 减压阀的工作原理 氧气减压阀的外观及工作原理见图 2.3-9 和图 2.3-10。氧气减压阀的高压腔与钢瓶连接，低压腔为气体出口，并通向工作体系。高压表的示值为钢瓶内贮存气体的压力，低压表的出口压力可由调节螺杆控制。

使用时先打开钢瓶阀门开关，然后顺时针转动低压表压力调节螺杆，使其压缩主弹簧并通过薄膜、弹簧垫块和顶杆而将阀门打开。这样，进口的高压气体由高压室经节流减压后进入低压室，并经出口通往工作体系。转动调节螺杆，改变阀门开启的高度，从而调节高压气体的通过量并达到所需压力值。

减压阀都装有安全阀。它是保护减压阀并使之安全的装置，也是减压阀出现故障的信号装置。若因阀门垫或阀门损坏及其他原因，导致出口压力自行上升并超过许可值时，安全阀会自动打开排气。

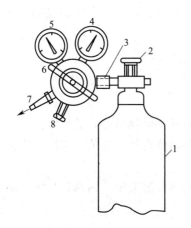 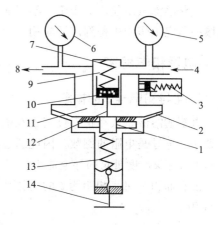

图 2.3-9　安装在气瓶上的氧气减压阀示意图

1—钢瓶；2—钢瓶开关；

3—钢瓶与减压阀连接螺母；

4—高压表；5—低压表；6—低压表

压力调节螺杆；7—出口；8—安全阀

图 2.3-10　氧气减压阀工作原理示意图

1—弹簧垫块；2—传动薄膜；3—安全阀；

4—接气体钢瓶进口；5—高压表；6—低压表；

7—压缩弹簧；8—接使用系统出口；9—高压

气室；10—阀门；11—低压气室；12—顶杆；

13—主弹簧；14—低压表压力调节螺杆

② 减压阀的使用

a. 按使用要求的不同，氧气减压阀有许多规格。最常见的进口压力为 $150 \times 10^5\,\mathrm{Pa}$，最高进口压力不小于出口压力的 2.5 倍。出口压力规格较多，一般为 $1 \times 10^5\,\mathrm{Pa}$，最高出口压力约为 $40 \times 10^5\,\mathrm{Pa}$。

b. 安装减压阀时应确定其连接规格是否与钢瓶和工作体系的接头一致。减压阀与钢瓶采用半球面连接，靠旋紧螺母使二者完全吻合。故在使用时应保持两个半球面的光洁，以确保良好的气密效果。安装前可用高压气体吹除灰尘，必要时也可用聚四氟乙烯等材料做垫圈。

c. 氧气减压阀应严禁接触油脂，以免发生火灾。

d. 停止工作时，应将减压阀中余气放净，然后拧松调节螺杆，以免弹性元件长久受压变形。

e. 减压阀应避免撞击振动，更不可接触腐蚀性物质。

第四节　电化学测试技术和仪器

电化学是研究化学现象与电现象之间的相互关系，以及化学能与电能相互转化规律的学科。在物理化学实验中，电化学部分实验内容主要围绕电解质溶液、原电池、电化学基本实验方法等实验内容。涉及溶液的电导、电解质理论、电池反应，电子和离子传递过程中涉及电化学概念的基础性实验。因此，电化学测量在物理化学实验中占有重要地位，常用它来测量电解质溶液的许多物理化学性质（如电导、离子迁移数、电离度等），与氧化还原体系反应有关的热力学函数（如标准电极电势 φ、反应热 ΔH、熵变 ΔS 和自由能的改变 ΔG 等）。

电化学测量不仅广泛用于化学工业、冶金工业和金属防腐，而且在生物过程和其他实际领域的研究工作中也得到广泛应用。

一、电导和电导率

1. 电导和电导率的概念

电解质溶液是依靠正、负离子在电场作用下的定向迁移而导电的，其导电能力由电导 G 来表达。电导是电阻的倒数，因此通过测量电解质的电阻值得到电导值。实际应用是测量溶液的电导率 κ，度量它的导电能力。

设有面积为 A、相距为 l 的两铂片电极平行放入电解质溶液中，则两铂片之间溶液的电导 G 为：

$$G = \frac{1}{R} \tag{2.4-1}$$

$$R = \rho \times \frac{l}{A} \tag{2.4-2}$$

$$G = \frac{1}{\rho} \times \frac{A}{l} \tag{2.4-3}$$

令 $\kappa = \dfrac{1}{\rho}$，可得：

$$G = \kappa \times \frac{1}{K_{cell}} \tag{2.4-4}$$

式中，G 为溶液的电导，单位为西门子（S）；R 为溶液的电阻；ρ 为电阻率；κ 为电导率；K_{cell}（即 l/A）为电导池常数。

κ 对溶液来说，它表示电极面积 $1m^2$、两极距离为 $1m$ 时溶液的电导，单位为 $S \cdot m^{-1}$，其数值与电解质的种类、浓度及温度等因素有关。

2. 电导和电导率的测量原理

（1）平衡电桥法

电解质溶液的电导可以用惠斯顿（Wheaston）电桥测量，如图 2.4-1 所示。测量时用的是交流电源，因为直流电流通过溶液时，会导致化学反应，使电极附近溶液的浓度改变引起浓差极化，还会改变电极的本质，因此必须采用较高频率的交流电，通常频率为 1000Hz 左右，构成电导池的两极采用惰性铂电极，避免电极发生化学反应。图中，C_1 与 R_3 并联，以实现容抗平衡，测定时，调节 R_1、R_2、R_3 和 C_1，当桥路输出电位 U_{BD} 为零时，此时电桥达到平衡，则

$$\frac{R_x}{R_2} = \frac{R_3}{R_1}, \quad R_x = \frac{R_3 R_2}{R_1} \tag{2.4-5}$$

R_x 的倒数为溶液的电导，即

$$G = \frac{1}{R_x} = \frac{R_1}{R_2 R_3} \tag{2.4-6}$$

由于温度对溶液的电导有影响，因此实验在恒温条件下进行。

电导电极的选用根据被测溶液电导率的大小而定，对电导率大的溶液，此时因极化严重，应选择电导池系数小的铂黑电极；反之，选择电导池系数大的光亮铂电极。

（2）电阻分压法

测量电解质溶液的电导常用的是电导率仪，电导率仪的测量原理完全不同于平衡电桥法，它是基于电阻分压原理的一种不平衡测量法，其原理如图 2.4-2 所示。

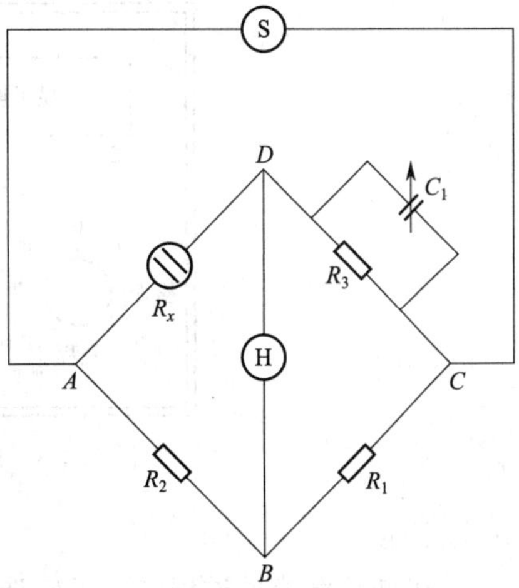

稳压器输出稳定的直流电压，供给振荡器和放大器，使它们在稳定状态下工作，振荡器输出电压不随电导池电阻 R_x 的变化而变化，从而为电阻分压回路提供一个稳定的标准电压 E，电阻分压回路由电导池 R_x 和测量电阻 R_m 串联组成，E 加在该回路 A、B 两端，则

$$I = \frac{E}{R_x + R_m} = \frac{E_m}{R_m} \qquad (2.4\text{-}7)$$

故，

$$E_m = \frac{ER_m}{R_m + R_x} = \frac{ER_m}{R_m + 1/G} \qquad (2.4\text{-}8)$$

式中，G 为电导池中溶液的电导，式中 E、R_x

图 2.4-1 惠斯顿电桥测量原理

R_1、R_2、R_3—电阻；R_x—待测溶液的电阻；C_1—可变电容器；S—高频交流电源；H—示波器

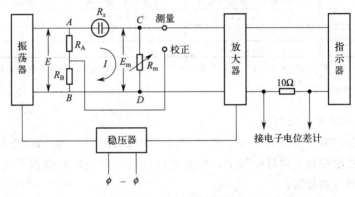

图 2.4-2 电阻分压法测量原理

不变，R_m 经设定后也不变，所以电导 G 只是 E_m 的函数，E_m 经放大后换算成电导率值后显示在指示器上。

为了消除电导池两电极间分布电容对 R_x 的影响，电导率仪中设有电容补偿电路，它通过电容产生一个反向电压加在 R_m 上，使电极间分布电容的影响得以消除。

3. DDS-307 型电导率仪简介

（1）面板示意图

如图 2.4-3 所示。

（2）使用方法

① 按电源开关，接通电源，预热 30 分钟后进行校准。

② 校准 仪器使用前必须进行校准！

将"量程"开关指向"检查"，"常数"补偿调节旋钮指向"1"刻度线，"温度"补偿调节旋钮指向"25"刻度线，调节"校准"调节旋钮，使仪器显示 $100.0\mu\text{S}\cdot\text{cm}^{-1}$，至此校准完毕。

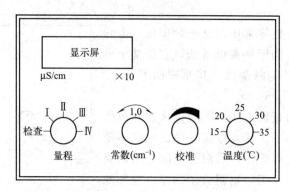

图 2.4-3　DDS-307 型电导率仪面板示意图

③ 测量

a. 在电导率测量过程中，正确选择电导电极常数，对获得较高的测量精度是非常重要的。可配用的常数为 0.01、0.1、1.0、10 四种类型的电导电极。应根据测量范围参照表 2.4-1 选择相应常数的电导电极。

表 2.4-1　电导电极选择

测量范围/$\mu S \cdot cm^{-1}$	推荐使用电导常数的电极	测量范围/$\mu S \cdot cm^{-1}$	推荐使用电导常数的电极
0～2	0.01，0.1	2000～20000	1.0，10
0～200	0.1，1.0	20000～100000	10
200～2000	1.0		

注：对常数为 1.0、10 类型的电导电极有"光亮"和"铂黑"两种形式，镀铂电极习惯称作铂黑电极，对光亮电极其测量范围以 0～10$\mu S \cdot cm^{-1}$ 为宜。

b. 电极常数的设置方法如下：

目前电导电极的电极常数为 0.01、0.1、1.0、10 四种类型，但每种电极具体的电极常数值，制造厂均粘贴在每支电导电极上，根据电极具体的电极常数值调节仪器面板"常数"补偿调节旋钮到相应的位置。

（a）将"量程"开关指向"检查"，"温度"补偿调节旋钮指向"25"刻度线，调节"校准"调节旋钮，使仪器显示 100.0$\mu S \cdot cm^{-1}$。

（b）调节"常数"补偿调节旋钮使仪器显示值和"常数"补偿选择值的乘积与电极常数值一致。

例如：①仪器面板"常数"补偿选择开关置于 0.01，若使用的电极常数为 1.025，则调节"常数"补偿调节旋钮使仪器显示为 102.5（测量值＝显示值×0.01）；②仪器面板"常数"补偿选择开关置于 0.1，电极常数为 0.1025cm^{-1}，则调节"常数"补偿调节旋钮使仪器显示为 1.025（测量值＝显示值×0.1）。

c. 温度补偿的设置

调节仪器面板上"温度"补偿调节旋钮，使其指向待测溶液的实际温度值，此时，测量得到的将是待测溶液经过温度补偿后折算为 25℃下的电导率值；如果将"温度"补偿调节旋钮指向"25"刻度线，那么测量的将是待测溶液在该温度下未经补偿的原始电导率值。

d. 常数、温度补偿设置完毕，应将"量程"开关按表 2.4-2 置于合适位置。当测量过程中，显示值熄灭时，说明测量超出测量范围，此时，应切换"量程"开关至上一挡量程。

表 2.4-2　仪器量程范围

序号	量程开关位置	量程范围/$\mu S \cdot cm^{-1}$	被测电导率/$\mu S \cdot cm^{-1}$
1	Ⅰ	$0 \sim 20.0$	显示读数$\times C$
2	Ⅱ	$20.0 \sim 200.0$	显示读数$\times C$
3	Ⅲ	$200.0 \sim 2000$	显示读数$\times C$
4	Ⅳ	$2000 \sim 20000$	显示读数$\times C$

注：C 为电导电极常数，当电导电极常数为 0.01 时，$C=0.01$。

（3）注意事项

① 在测量高纯水时应避免污染，正确选择电极常数的电导电极并最好采用密封的测量方式。

② 因温度补偿系采用固定 2% 的温度系数补偿，故对高纯水测量尽量采用不补偿方式进行测量后查表。

③ 为确保测量精度，电极使用前应用小于 $0.5\mu S \cdot cm^{-1}$ 的去离子水（或蒸馏水）冲洗两次，然后用被测试样冲洗后方可测量。

④ 电极插头插座绝对防止受潮，以免造成不必要的测量误差。

⑤ 电极应定期进行常数标定。

二、电池电动势测量

电池电动势的测量必须在可逆条件下进行。所谓可逆条件，一是电池反应可逆，亦即电池电极反应可逆；二是电池中不允许存在任何不可逆的液接界；三是电池必须在可逆的情况下工作，即充放电过程必须在平衡态下进行，亦即允许通过电池的电流为无限小。为此可在测量装置上设计一个与待测电池的电动势数值相等而方向相反的外加电动势，以对消待测电池的电动势，这种测电动势的方法称为对消法。

1. 测量原理

电位差计就是根据对消法原理而设计的，线路如图 2.4-4 所示。

图中整个 AB 线的电势差可等于标准电池的电势差。这可通过"校准"的步骤来实现，标准电池的负端与 A 相连（即与工作电池是对消状态），而正端串联一个检流计，通过并联直达 B 端，调节可调电阻，使检流计指针为零，即无电流通过，这时 AB 线上的电势差就等于标准电池的电势差。

测未知电池时，负极与 A 相连接，而正极通过检流计连接到探针 C 上，将探针 C 在电阻线 AB 上来回滑动，找到使检流计指针为零的位置，此时

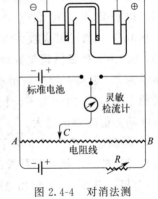

图 2.4-4　对消法测电动势基本电路

$$E_x = \frac{AC}{AB}$$

(2.4-9)

2. EM-3C 型数字式电子电位差计简介

数字式电位差计用于电动势的精密测定，采用对消法测定原电池电动势。用内置的可代替标准电池的高精度参比电压集成块作比较电压，保留了对消法测量电动势仪器的原理（见

图 2.4-4）。仪器线路设计采用全集成器件，被测电动势与参比电压经过高精度的仪表放大器比较输出，达至平衡时即可知被测电动势的大小。仪器还设置了外校输入，可接标准电池来校正仪器的测量精度。

（1）面板示意图

如图 2.4-5 所示：

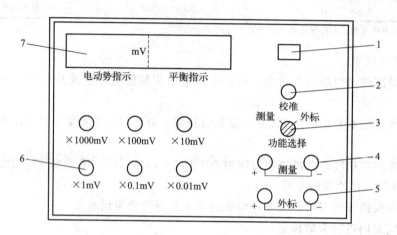

图 2.4-5　EM-3C 型数字式电子电位差计面板示意图

1—电源开关；2—校准；3—功能选择；4，5—接线插孔；6—电位器；7—显示屏

（2）使用方法

① 通电　插上电源插头，打开电源开关，两组 LED 显示即亮。预热 5 分钟，将右侧功能选择开关置于需要的功能挡。

② 接线　将测量线与被测电动势按正负极性接好。黑线接负，红线接正。

③ 设定内部标准电动势值　左 LED 显示为由拨位开关和电位器设定的内部标准电动势值，以设定内部标准电动势值 1.01862V 为例，将 ×1000mV 挡拨位开关拨到 1，将 ×100mV 挡拨位开关拨到 0，将 ×10mV 挡拨位开关拨到 1，将 ×1mV 挡拨位开关拨到 8，将 ×0.1mV 挡拨位开关拨到 6，旋转 ×0.01mV 挡电位器，使电动势指示 LED 的最后一位显示为 2。观察右边平衡指示 LED 显示值，如果不为零，按校准按钮，放开按钮后，平衡指示 LED 显示值应为零，校准完毕。如显示为 OU.L，则指示被测电动势与设定的内部标准电动势值的差值过大。

④ 测量　将数字式电子电位差计"功能选择"开关打到"测量"，分别用红（"＋"极）、黑（"－"极）测量线的一端插入数字式电子电位差计的测量线路相对应的"＋"极与"－"极，其另一端与所测电池的"＋"极与"－"极相连接，依次调节电位器开关 ×1000mV、×100mV、×10mV、×1mV、×0.1mV 到右边 LED 显示值为"00000"附近，等待电动势指示数码显示稳定下来，此即为被测电动势值。需注意的是："电动势指示"和"平衡指示"数码显示在小范围内摆动属正常，摆动数值在 ±1 个字之间。

（3）注意事项

① 仪器不要放置在有强电磁场干扰的区域内。

② 仪器已校准好，不要随意校准。

③ 如仪器正常加电后无显示，请检查后面板上的保险丝（0.5A）。

三、电化学其他常用配套技术

1. 液体接界电势与盐桥

减小液体接界电势，一般采用加"盐桥"的方法。常用的盐桥是一种充满盐溶液的密封U形玻璃管，管的两端分别浸入电解质溶液中，令其通电。选择盐桥溶液应注意三个问题：

① 盐桥溶液内的正、负离子的摩尔电导率应尽量接近。具有相同摩尔电导率的溶液，其液体接界电势较小，通常采用高浓度（甚至饱和）的 KCl 溶液。盐桥溶液与被测溶液的液体接界电势与盐桥内 KCl 溶液的浓度有关。

② 盐桥溶液必须与两端溶液不发生关系。

③ 若盐桥溶液中的离子扩散到被测体系会对测量结果有影响，必须采取措施避免。例如，某体系采用离子选择电极测定 Cl⁻ 浓度，若选 KCl 溶液作盐桥溶液，那么 Cl⁻ 会扩散到被测体系中，会影响测量结果。这时可采用移位差原理使电解质溶液朝一定方向流动，可减少盐桥溶液离子流向被测电极（或参比电极）溶液中，如图 2.4-6 所示。因被测溶液和参比电极溶液的液面都比盐桥溶液的液面高，故可防止盐桥溶液离子流向被测溶液或参比溶液中。图 2.4-7 列出了几种常见的盐桥。

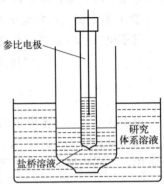

图 2.4-6　利用液位差防止研究体系溶液的污染

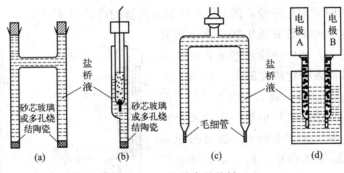

图 2.4-7　几种常见盐桥

2. 参比电极

参比电极用于测量被测电极的电极电势，通过被测电极与参比电极组成电池，测其电池的电动势，然后根据参比电极的电势求得被测电极的电极电势。电极电势的测量除了要考虑电动势测量中的有关问题之外，特别要注意参比电极的选择。

（1）参比电极的选用规则

选择参比电极的要求如下：

① 参比电极必须是可逆电极，其电极电势也是可逆电势；

② 参比电极必须具有良好的稳定性和重现性。其电极电势基本不受放置时间的影响，各次制作的同样参比电极，其电极电势也应基本相同；

③ 由金属-金属难溶盐或金属难溶氧化物组成的参比电极，要求其金属盐或氧化物在溶

液中的溶解度很小；

④ 参比电极的选择要由被测体系的性质决定。例如，氯化物待测体系可选甘汞电极或氯化银电极；酸性溶液待测体系可选硫酸亚汞电极等。具体选择时还需考虑减小液体接界电势等问题。

（2）水溶液体系常用的参比电极

① 氢电极　氢电极主要用作标准电极，但在酸性溶液中也可作为参比电极，尤其在测量氢超电势时，采用同一溶液中的氢电极作为参比电极，可简化计算。

② 甘汞电极　因氢电极制备和使用不方便，故常用甘汞电极作为参比电极。

甘汞电极的电极反应和电极电势表示如下：

$$Hg_2Cl_2(s) + 2e^- \longrightarrow 2Hg(l) + 2Cl^-(a_{Cl^-}) \tag{2.4-10}$$

$$\varphi_{甘汞} = \varphi_{甘汞}^{\ominus} - \frac{RT}{F}\ln a_{Cl^-} \tag{2.4-11}$$

由上式可知，甘汞电极的电极电势取决于 Cl^- 的活度和温度 T。通常使用的甘汞电极，其电极溶液有 $0.1\,mol \cdot L^{-1}$、$1.0\,mol \cdot L^{-1}$ 和饱和 KCl 溶液三种形式，其中饱和 KCl 溶液最为常用。不同浓度的氯化钾溶液 $\varphi_{甘汞}$ 与温度的关系见表 2.4-3。

表 2.4-3　不同浓度的氯化钾溶液 $\varphi_{甘汞}$ 与温度的关系

氯化钾溶液浓度/mol·L⁻¹	电极电势 $\varphi_{甘汞}$/V
饱和	$(0.2412 \sim 7.6) \times 10^{-4}(t/℃ - 25)$
1.0	$(0.2801 \sim 2.4) \times 10^{-4}(t/℃ - 25)$
0.1	$(0.3337 \sim 7.0) \times 10^{-4}(t/℃ - 25)$

甘汞电极的结构形式有多种，图 2.4-8 所示为市售的两种形式。

实验室常用电解法制备甘汞电极。在电极管底部注入适量的纯汞，把用导线连接的铂丝插入汞中，在汞的上部注入指定浓度的 KCl 溶液，另取一烧杯并装入 KCl 溶液，插上一根铂丝作为阴极，制作的电极作为阳极进行电解，电流密度控制在 $10^3\,A \cdot m^{-2}$ 左右。此时汞面上会逐渐形成一层灰白色的 Hg_2Cl_2 固体微粒，直至汞面被全部覆盖为止，电解结束。用针筒为电极管加压，将 KCl 电解液慢慢压出，弃去。再慢慢注入指定浓度的 KCl 电解液。注入时，速度要慢，不要搅动汞面上的 Hg_2Cl_2 层，电极管要垂直固定，避免振动。

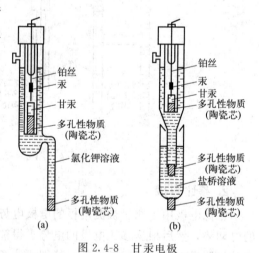

图 2.4-8　甘汞电极

甘汞电极的另一种制备方法是将分析纯的甘汞和几滴汞置于玛瑙研钵中研磨，再用 KCl 溶液调成糊状，将这种甘汞糊小心敷于电极管内的汞面上，然后再注入指定浓度的 KCl 溶液。采用这种制备工艺时，与汞连接的铂丝应封于电极管的底部。

甘汞电极使用注意事项如下：

a. 甘汞电极在高温时不稳定，一般适用于 70℃ 以下的测量。

b. 甘汞电极不宜用在强酸、强碱性溶液中，因为此时的液接电势较大，而且甘汞可能被氧化。

　　c. 如果被测溶液中不允许含有氯离子，应避免直接插入甘汞电极，这时应使用双液接甘汞电极。

　　d. 保持甘汞电极清洁，不得使灰尘和外离子进入该电极内部。

　　e. 电极内溶液太少时应及时补充。

　　③ 银-氯化银电极　银-氯化银电极与甘汞电极相似，都属于金属-微溶盐-负离子型的电极。

　　银-氯化银电极的电极反应和电极电势表示如下：

$$AgCl(s) + e^- \longrightarrow Ag(s) + Cl^-(a_{Cl^-}) \qquad (2.4\text{-}12)$$

$$\varphi_{Cl^-/AgCl,Ag} = \varphi^{\ominus}_{Cl^-/AgCl,Ag} - \frac{RT}{F}\ln a_{Cl^-} \qquad (2.4\text{-}13)$$

　　由上式可知，其电极电势取决于 Cl^- 的活度和温度 T。银-氯化银电极主要部件是覆有 $AgCl$ 的银丝，它浸在含 Cl^- 的溶液中。实验室制备的银-氯化银电极如图 2.4-9 所示。

　　制备银-氯化银电极方法很多，比较简单的方法是取一根洁净银丝与一根铂丝，插入 $1.0 mol \cdot L^{-1}$ 盐酸溶液中，外接直流电源和可调电阻进行电镀。控制电流密度为 $2 mA \cdot cm^{-2}$，通电时间约 30 分钟，在作为阳极的银丝表面即可以镀上一层 $AgCl$，用去离子水洗净，浸入蒸馏水中老化 1～2 天备用。该电极具有良好的稳定性和较高的重现性，无毒，耐振。其缺点是不易保存，存放时必须浸入适当浓度的

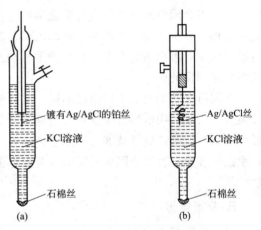

图 2.4-9　银-氯化银电极

KCl 溶液中，否则 $AgCl$ 层会因干燥而剥落。另外 $AgCl$ 遇光会分解，必须避光。

3. 电极的预处理

（1）镀铂黑

　　为了防止铂电极极化，需要经常给铂电极上补镀铂黑。使用的镀液含有 3% 的氯铂酸（H_2PtCl_6）和 0.25% 的醋酸铅 $[Pb(Ac)_2]$。氯铂酸是一种配合物，其解离常数很小，所以在镀液中只有极少数的铂离子。电镀时，铂离子在阴极还原为铂镀层，由于镀层中的铂粒子非常细小，形成了黑色蓬松镀层，称为铂黑。细小的铂黑粒子增大了电极的有效表面积，在测定时可降低电流密度，能有效防止电极极化。

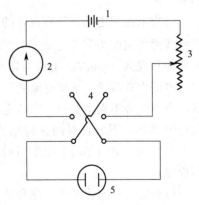

图 2.4-10　电镀铂黑线路
1—直流电源；2—毫安表；3—电阻箱；
4—双刀双向开关；5—电导电极

　　镀铂黑的线路见图 2.4-10。利用双刀双向开关 4，使两电导电极交替成为阴极或者阳极。这样，两电极可同时镀上铂黑。利用电阻箱 3 控制电流密度，一般以 $5 mA \cdot cm^{-2}$ 为宜。每分钟切换双刀双向开关一次，共切换 10 次左右即可完成电镀。

为了除去吸附在刚镀好的铂黑之中的氯气，应将电极用去离子水冲洗干净后浸入 10% 的稀硫酸中作为阴极进行电解。电解过程中利用阴极放出的大量氢气，把吸附在铂黑上的氯气冲洗掉。脱氯后的铂黑电极，再次用去离子水冲洗，然后浸入盛有去离子水的容器中备用。

（2）汞齐化

金属电极，如锌、铜等，其电极因金属表面性质活泼而不稳定。为了使这样的电极电势稳定，常用电极电势较高的汞将电极表面汞齐化，形成汞合金。

汞齐化的方法如下：将硝酸亚汞 $[Hg_2(NO_3)_2]$ 溶于 10% 稀硝酸中配成饱和溶液，将洁净的金属电极浸入其中，几秒钟后取出，用去离子水冲洗干净后，拿滤纸在电极表面仔细擦拭，使汞齐均匀地覆盖在电极的表面。

4. 电解池

实验用的电解池，常采用硬质玻璃制作，有很宽的使用温度。近年来，随着塑料工业的发展，很多合成材料都具有良好的化学稳定性，也用作电解池的材料（如聚四氟乙烯、聚三氟氯乙烯、有机玻璃、聚乙烯、聚苯乙烯、环氧树脂等）。因电极反应是在电极表面进行的，溶液中微量有害杂质的存在，常会严重影响电极反应的动力学过程，故电解池材料的化学稳定性是必须保证的。

不同研究所需要的电解池也不同，实际使用时，其体积大小要适宜。太大，会造成电解液浪费；太小，则电解液浓度易发生显著变化。为减少其他物质的干扰，研究电极和参比电极可用磨口活塞或烧结玻璃与辅助电极隔开（可获得较均匀的电流分布）。辅助电极的位置必须正确放置，否则会因为研究电极表面电流分布的不均匀而造成电势分布不均匀，影响测量结果。

5. 标准电池

（1）特性和用途

在电化学、热化学的测量中，对电势差（或电动势）的精确度要求很高。在实际工作中，标准电池被作为电压测量的标准量具或工作量具，在直流电位差计电路中提供一个标准的参比电压。

标准电池的电动势具有良好的重现性和稳定性。所谓重现性是指不管在哪一地区，只要严格按照规定配方和工艺制作，都能获得近乎一致的电动势，一般能重现到 $0.1mV$。所谓稳定性有两个含义：一是当电位差计电路内有微量不平衡电流通过该电池时，因电极的可逆性好，电极电势不发生变化，电池电动势仍能保持恒定；二是它能在恒温条件下较长时间保持电动势基本不变（但若时间过长，则会因电池内部的老化作用而导致电动势下降，故必须定期检定）。

标准电池分饱和式和不饱和式两种，前者可逆性好，因而电动势的重现性、稳定性均好，但温度系数较大，需进行温度校正，一般用于精密测量中；后者的温度系数很小，但可逆性差，用在精确度要求不很高的测量中，可免除烦琐的温度校正。

（2）结构和主要技术参数

饱和式标准电池的结构如图 2.4-11 所示，其电池符号为：

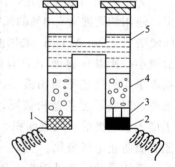

图 2.4-11　饱和式标准电池
1—含 12.5% 镉的镉汞齐；2—汞；3—硫酸亚汞的糊状物；4—硫酸镉晶体；5—硫酸镉饱和溶液

$$Cd\text{-}Hg(12.5\%Cd)\,|\,CdSO_4 \cdot 8/3H_2O\,|\,CdSO_4(饱和)\,|\,CdSO_4 \cdot 8/3H_2O\,|\,Hg_2SO_4(s)\,|\,Hg$$

电池反应为：

负极：
$$Cd(Cd\text{-}Hg) \longrightarrow Cd^{2+} + 2e^-$$

正极：
$$Hg_2SO_4 + 2e^- \longrightarrow 2Hg + SO_4^{2-} \tag{2.4-14}$$

总反应：
$$Cd(Cd\text{-}Hg) + Hg_2SO_4 \longrightarrow CdSO_4 + 2Hg$$

标准电池按其电动势的稳定度分为若干等级，表 2.4-4 列出了国产标准电池的等级区分及其主要参数。在电化学测量中，用作工作量具的饱和式标准电池，一般为 0.01 级和 0.005 级，国产型号是 BC3 和 BC8。

表 2.4-4　国产标准电池的等级区分及主要参数

类别	稳定度级别	电动势(20℃)/V	允许最大电流 /μA·min^{-1}	一年内允许变化 /μV	温度/℃ 保证准确度	温度/℃ 可用范围	内阻值/Ω 新制	内阻值/Ω 在用	相对湿度 /%	用途
饱和	0.0002	1.0185900~1.0186800	0.1	2	19~21	15~25	≤700		≤80	标准量具
	0.0005	1.0185900~1.0186800	0.1	5	18~22	10~30				
	0.001	1.0185900~1.0186800	0.1	10	15~25	5~35	≤700	≤1500	≤80	工作量具
	0.005	1.01855~1.01868	1	50	10~30	0~40		≤2000		
	0.01	1.01855~1.01868	1	100	5~40	0~40		≤3000		
不饱和	0.005	1.01880~1.01930	1	50	15~25	10~30	≤500	≤3000	≤80	工作量具
	0.01	1.01880~1.01930	1	100	10~30	5~40				
	0.02	1.0186~1.0196	10	200	5~40	0~50				

（3）饱和式标准电池的温度系数

饱和式标准电池正极的温度系数约为 $310\mu V \cdot ℃^{-1}$，负极约为 $350\mu V \cdot ℃^{-1}$。因负极的温度系数比正极大，又处在标准氢电极电势以下，电极电势为负值。若温度升高1℃，正极电极电势的增幅小于负极电极电势，故整个电池电动势的温度系数是负的。

每一电池在出厂或定期检定时均附有 20℃ 时的电动势数据，但标准电池作为工作量具应用时，不一定处于 20℃ 的环境，故必须通过电位差计上的专用温度校正盘进行校正，0～40℃ 温度范围内饱和式标准电池电动势（μV）的温度（℃）校正公式为：

$$\Delta E_t = -39.94 \times (T-20) - 0.929 \times (T-20)^2 + 0.0090 \times (T-20)^3 - 0.00006 \times (T-20)^4 \tag{2.4-15}$$

在精确度要求不很高时，上式可简化为：

$$\Delta E_t = -40 \times (T-20) \tag{2.4-16}$$

（4）使用和维护

标准电池在使用过程中，不可避免地会有充、放电流通过，使电极电势偏离其平衡电势值，造成电极的极化，导致整个电动势的改变。虽然饱和式标准电池的去极化能力较强，充、放电结束后电动势的恢复也较快，但仍需将通过标准电池的电流严格限制在允许的范围内。

因标准电池的温度系数与正、负两极都有关系，故放置时须使两极处于同一温度。饱和式标准电池的 $CdSO_4 \cdot 8/3H_2O$ 晶粒在温度波动的环境中会反复不断地溶解、结晶，致使原来很微小的晶粒结成大块，增加了电池的内阻，降低了电位差计中检流计回路的灵敏度。故应尽可能地将标准电池置于温度波动不大的环境中。

机械振动会破坏标准电池的平衡，在使用及搬移时应尽量避免振动，绝不允许倒置。光

可使 $CdSO_4$ 变质，此时，标准电池仍可能具有正常的电动势值，但其电动势对于温度变化的滞后性较大，故标准电池应避免光照。

第五节 光学测量技术和仪器

物质与光相互作用可以产生各种光学现象，通过研究这些光学现象，可以得到原子、分子及晶体结构等方面的信息。在物质的成分分析、结构测定及光化学反应等方面都需要光学测量。下面介绍几种物理化学实验常用光学测量仪器。

一、可见分光光度计

1. 吸收光谱原理

物质中分子内部的运动可分为电子的运动，分子内原子的振动和分子自身的转动，因此具有电子能级、振动能级和转动能级。

当分子被光照射时，吸收的能量能引起能级跃迁，即从基态能级跃迁到激发态能级，而三种能级跃迁所需能量不同，需要不同波长的电磁波去激发。由于物质结构不同，对各能级跃迁所需能量都不一样，对光的吸收也就不一样，各种物质都有各自的吸收光带，因而就可以对不同物质进行鉴定分析，这是光度法进行定性分析的基础。

根据朗伯-比耳定律：当入射光波长、溶质、溶剂以及溶液的温度一定时，溶液的吸光度与溶液层厚度及溶液的浓度成正比，若液层的厚度一定，则溶液的吸光度只与溶液的浓度有关：

$$T = \frac{I}{I_0}, \quad A = \lg \frac{I_0}{I} = klc \tag{2.5-1}$$

式中，T 为透射比；I_0 为入射光强度；I 为透射光强度；A 为吸光度；k 为吸收系数；l 为溶液的光径长度；c 为溶液的浓度。

从式(2.5-1)可以看出，当入射光、吸收系数和溶液的光径长度不变时，透光率是根据溶液的浓度而变化的，分光光度计是根据上述的物理光学现象而设计的。

2. 分光光度计的构造和工作原理

将一束复合光通过分光系统，将其分成一系列波长的单色光，任意选取某一波长的光，根据被测物质对光的吸收强弱进行物质的测定分析，这种方法称为分光光度法，分光光度法所使用的仪器称为分光光度计。

分光光度计种类和型号较多，实验室常用的有 72 型、721 型、722 型、723 型、752 型等。各种型号的分光光度计的基本结构都相同，由如下五部分组成：

① 光源（钨灯、卤钨灯、氢弧灯、氖灯、汞灯、氙灯、激光光源）；

② 单色器（滤光片、棱镜、光栅、全息栅）；

③ 样品吸收池；

④ 检测系统（光电池、光电管、光电倍增管）；

⑤ 信号指示系统（检流计、微安表、数字电压表、示波器、微处理机显像管）。

在基本构件中，单色器是仪器的关键部件。其作用是将来自光源的混合光分解为单色光，并提供所需波长的光。单色器是由入口与出口狭缝、色散元件和准直镜等组成，其中色散元件是关键性元件，主要有棱镜和光栅两类。

（1）棱镜单色器

光线通过一个顶角为 θ 的棱镜，从 AC 方向射向棱镜，如图 2.5-1 所示，在 C 点发生折射。光线经过折射后在棱镜中沿 CD 方向到达棱镜的另一个界面上，在 D 点又一次发生折射，最后光在空气中沿 DB 方向进行。这样光线经过此棱镜后，传播方向从 AA' 变为 BB'，两方向的夹角 δ 称为偏向角。偏向角与棱镜的顶角 θ、棱镜材料的折射率以及入射角 i 有关。如果平行的入射光由 λ_1、λ_2、λ_3 三色光组成，且 $\lambda_1<\lambda_2<\lambda_3$，通过棱镜后，就分成三束不同方向的光，且偏向角不同。波长越短、偏向角越大，如图 2.5-2 所示 $\delta_1>\delta_2>\delta_3$，这即为棱镜的分光作用，又称光的色散，棱镜分光器就是根据此原理设计。

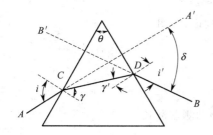 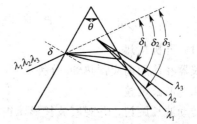

图 2.5-1　棱镜的折射　　　　　　图 2.5-2　不同波长的光在棱镜中的色散

棱镜是分光的主要元件之一，一般是三角柱体。由于其构成材料不同，透光范围也就不同，比如，用玻璃棱镜可得到可见光谱，用石英棱镜可得到可见及紫外光谱，用溴化钾棱镜可得到红外光谱等。棱镜单色器示意图如 2.5-3 所示。

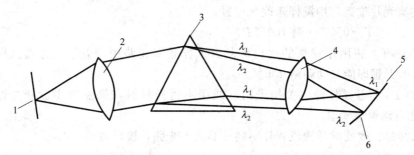

图 2.5-3　棱镜单色器示意图

1—入射狭缝；2—准直透镜；3—棱镜；4—会聚透镜；5—焦点面线；6—出射狭缝

$\lambda_2<\lambda_1$，λ—谱线波长

（2）光栅单色器

单色器还可以用光栅作为色散元件，反射光栅是由磨平的金属表面上刻划许多平行的、等距离的槽构成。辐射由每一刻槽反射，反射光束之间的干涉造成色散。

3. 分光光度计的使用方法

分光光度计是一种方便易用的通用仪器，测量波长范围为 $325\sim1000nm$，能进行透射比、吸光度和浓度直接测定，可广泛应用于医学卫生、临床检验、生物化学、石油化工、环保监测、质量控制等部门作定性定量分析，主要由光源室、单色器、试样室、光电管暗盒、电子系统及数字显示器等部件组成。722S 型分光光度计仪器的外形、操作键及面板图见图 2.5-4。

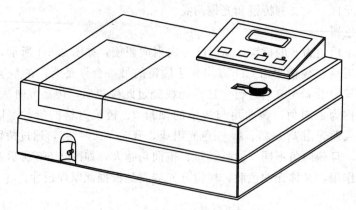

图 2.5-4 722S 型分光光度计示意图

（1）开机预热

仪器在使用前应预热 30 分钟。

（2）波长调整

转动波长旋钮，并观察波长显示窗，调整至需要的测试波长。

（3）设置测试模式

按动"功能键"，便可切换测试模式。

（4）测试

① 测定透射比

a. 按"功能键"切换至透射比模式。

b. 确定滤光片位置，用拨杆来改变位置。

c. 粗调 $100\%T\rightarrow0\%T\rightarrow$ 调 $100\%T$。

调整 $100\%T$：将用作背景的空白样品置入样品室光路中，盖下试样盖（同时打开光门），按下 100% 键即能自动调整 $100\%T$。

调零 $0\%T$：打开试样盖（关闭光门）或用不透光材料在样品室中遮断光路，然后按 0% 键，即能自动调整零位。

d. 置入样品：改变试样槽位置让不同样品进入光路，读出数据。

② 吸光度测量

a. 调 $100\%T$、$0\%T$。按"测定透射比"步骤 c。

b. 测试模式为"吸光度"。

c. 样品置入光路：改变试样槽位置，让不同样品进入光路。

d. 读出数据。

③ 浓度 c 的测量

a. 按"功能键"将测量模式切换至浓度 c.

b. 调 $100\%T$、$0\%T$。

c. 将已标定浓度的样品放入光路，调节浓度旋钮，使得数字显示为标定值。

d. 将被测样品放入光路，即可读出被测样品的浓度值。

（5）测量注意事项

① 测定时比色皿内溶液应先装低浓度再装高浓度（即先测低浓度溶液，再测高浓度溶液）。

② 测定中，需要大幅度改变波长，在调整"0％"和"100％"后，稍等 3～5 分钟，待稳定后，重新调整"0％"和"100％"即可测定。

③ 测完后，取出比色皿，切断电源，检查比色皿座内是否有滴落的溶液，仪器表面也应检查是否有溶液滴落。把蓝色硅胶包放入样品室内，合上暗箱盖。

④ 真实记录仪器使用状况。

4. 分光光度计使用中的注意事项

① 为确保仪器稳定，仪器应放置在电压波动较小的地方，220V 电源预先稳压，宜备 220V 稳压器一只（磁饱和式或电子稳压式）。

② 当仪器工作不正常时，如数字表无亮光，光源灯不亮，开关指示灯无信号，应检查仪器后盖保险丝是否损坏，然后查电源线是否接通，再查电路。

③ 仪器要接地良好，当仪器停止工作后，切断电源。

④ 当仪器停止使用后需要把硅胶放在样品室内，硅胶需要定期烘干。

⑤ 仪器工作数月或搬动后，要检查波长精度和吸光度精度等方面，以确保仪器的正常使用和测定精度。

⑥ 清洁仪器外表面时，不能使用无水乙醇、乙醚等有机溶剂。

⑦ 比色皿每次使用后要用石油醚清洗或者稀盐酸浸泡，再用自来水和蒸馏水清洗，最后用镜头纸轻擦干净，不要擦伤，防止被污染，使用完毕及时清洗存于比色皿盒中。

二、阿贝折光仪

折射率是物质的重要物理常数之一，测定折射率可以定量得到物质的纯度、浓度及其结构，物理化学实验可用阿贝折光仪来测量液体的折射率。

1. 折射率的测量和应用

根据折射定律，当单色光从一种介质进入另一种介质时，发生方向改变的现象叫折射，如图 2.5-5 所示，在一定温度下入射角 i 与折射角 r 的正弦之比为一常数，而且等于光线在两种介质内传播速率 v_1 与 v_2 之比，即：

$$\frac{\sin i}{\sin r} = \frac{v_1}{v_2} = n_{1,2} \tag{2.5-2}$$

式中，$n_{1,2}$ 称为第二种介质对第一种介质的相对折射率。若光线从真空进入某介质，此时 n 为该介质的绝对折射率。但介质 A 通常为空气，空气的绝对折射率为 1.0029，这样得到的各种物质的折射率称为常用折射率，也称为对空气的相对折射率。

折射率是物质的特征性常数，对单色光，在一定温度、压力下，折射率是一个确定值，如 $n_D^{20℃}$ 表示波长为 599.3nm 的钠光 D（黄）线在 20℃下的折射率。

在物理化学实验中，可以用阿贝折光仪测定某些溶液的浓度，如环己烷-乙醇二组分系统的组成等。

（1）阿贝折光仪的测定原理

在一定温度下，若光线从光密介质进入光疏介质，入射角小于折射角，当入射角 $i = 90℃$ 时，折射角 r 为最大，此最大角称为临界角 r_c。图 2.5-5 所示光线从介质 A 进入介质 B 时，折射线都应落在临界角以内，大于临界角的部分没有光线通过，而小于临界角的部分可以通过光线。阿贝折光仪目镜中就可以清楚地观察到明暗交接的两部分，中间有明显的分界线。此分界线表示入射角为临界角的光线折射后所在位置。阿贝折光仪就是根据这个原理设计的。设光线从 A 进入介质 B，两种介质的折射率分别为 n_A、n_B，根据折射定律可得：

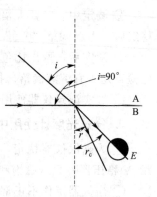

$$\frac{\sin i}{\sin r} = \frac{n_A}{n_B} \qquad (2.5\text{-}3)$$

当调节入射角 $i = 90°$ 时，$\sin i = 1$，$r = r_c$，则 $n_B = n_A \sin r_c$。当固定一种介质时，临界角 r_c 的大小仅仅取决于另一介质的折射率。在阿贝折光仪中，n_B 即为棱镜的折射率，为一定值，因而待测液体的折射率 n_A 只取决于临界角 r_c。在仪器的目镜中可以由明暗界面的位置测定临界面的位置，从而测定临界角的大

图 2.5-5　折射现象

小，再折算成折射率数值，因此直接可以由放大镜中读出待测液的折射率。

折射率受温度影响较大，折光仪装有恒温夹套，可测量温度为 0～70℃内的折射率，将循环水槽内的水通入折射率仪的棱镜夹套内，阿贝折光仪的温度计所示读数为实验温度，一般选用（20.0±0.1）℃。

阿贝折光仪的标尺示值有两行：一行是以日光为光源的条件下直接换算成相当于钠光 D 线的折射率（1.3000～1.7000）；另一行为 0～95％，是工业上用折光仪测定固体物质在水中浓度的标准，通常用于测量蔗糖的浓度。

（2）折射率与浓度的关系

折射率是物质的特性常数，纯物质具有确定的折射率，但如果混有杂质，其折射率会偏离纯物质的折射率，杂质越多，偏离越大。纯物质溶解在溶剂中，折射率也发生变化。当溶质的折射率小于溶剂的折射率时，浓度越大，混合物的折射率越小，反之亦然。所以，测定物质的折射率可以定量地求出该物质的浓度或纯度，其方法如下：①制备一系列已知浓度的样品，分别测量各样品的折射率；②以样品浓度 c 和折射率 n_D 作图得工作曲线；③据待测样品的折射率，由工作曲线查得其相应浓度。

用折射率测定样品的浓度所需试样量少，且操作简单方便，读数准确。实验室中常用阿贝折光仪测定液体和固体物质的折射率。

2. 阿贝折光仪的使用方法

（1）准备工作

将阿贝折光仪置于光亮处，并避免阳光直射。阿贝折光仪与恒温水浴相连（做近似测量时可不用），连接温度计，调节所需温度，恒温 10min。松开锁钮，开启辅助棱镜，使其磨砂斜面处于水平位置，用擦镜纸将镜面擦干，滴几滴无水乙醇（或乙醚）在镜面上，用电吹风吹干。

（2）仪器校准

测量前可用已知折射率的蒸馏水（$n_D^{25℃} = 1.3325$）进行校正。其方法如下：按操作要求加好标样（如蒸馏水）后，转动左边手轮使标尺读数等于蒸馏水的折射率。再消除色散，然后用方孔调节扳手旋动目镜前凹槽中的调整螺丝，使明暗分界线与十字线交于一点。

（3）液体样品测量

用干净滴管滴加 1～3 滴样品液体于折射棱镜表面上（滴管切勿触及镜面），注意不要有气泡，合上棱镜，旋紧锁钮。若液样易挥发，可由加液小槽直接加入。打开遮光板，合上反

射镜。轻轻旋转目镜，使之垂直，调节反射镜使入射光进入棱镜，同时调节目镜的焦距，使目镜中十字线清晰明亮，读数方法如图 2.5-6 所示。

① 旋转刻度调节手轮（下手轮），使目镜中出现明暗面（中间有色散面），见图 2.5-6(a)。

② 旋转色散调节手轮（上手轮），使目镜中色散面消失，出现半明半暗面，见图 2.5-6 (b)，(c)。

③ 再旋转刻度调节手轮（下手轮），使分界线处在十字相交点，见图 2.5-6(d)。

（4）读数

从目镜标尺中读出折射率 n_D。为减少误差每个样品需重复测量三次，三次读数的误差应不超过 0.002，再取其平均值。

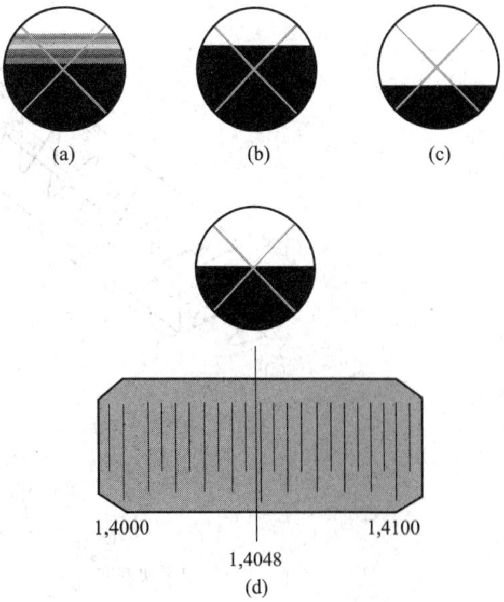

图 2.5-6　阿贝折光仪读数系统示意图

3. 阿贝折光仪的使用注意事项

（1）使用时必须注意保护棱镜，切勿用纸擦拭棱镜，滴加液体时，滴管切勿触及镜面。保持仪器清洁，严禁油手或汗触及光学零件。

（2）使用完毕要把镜面吹干，把金属套中恒温水放干，拆下温度计，并将仪器放入箱内，箱内放有硅胶干燥剂。

（3）不能用阿贝折光仪测量酸性、碱性物质和氟化物的折射率，若样品的折射率不在 1.3～1.7 范围内，也不能用阿贝折光仪测定。

三、旋光仪

当平面偏振光通过旋光性物质，如蔗糖水溶液、酒石酸晶体等时，由于偏振光与旋光性物质的相互作用，其振动方向会发生改变，光的振动面会旋转一定的角度，这种现象称为旋光现象，旋转的角度称为旋光度，用 α 表示，如图 2.5-7 所示，使偏振光的偏振面向左旋转的物质称为左旋物质 [用 L-或（－）表示]，向右旋转的物质称为右旋物质 [用 D-或（＋）表示]。

旋光度取决于旋光性物质的本性外，还与偏振光波长 λ、光程长度 l、溶剂极性、测定温度 t 和溶液浓度 c 等因素有关。当波长、溶剂、温度固定时，其旋光度 α 与溶液浓度 c 关系：

$$\alpha_\lambda^t = [\alpha]_\lambda^t \cdot l \cdot c \tag{2.5-4}$$

式中　α_λ^t——旋光度，平面偏振光的偏振面的旋转角度，(°)；

　　$[\alpha]_\lambda^t$——比旋光度，衡量旋光性物质在温度 t℃、波长 λ 时的旋光能力，(°)；

　　l——偏振光在旋光性物质中的光程，dm；

　　c——旋光性物质的溶液浓度，$g \cdot mL^{-1}$。

1. 旋光仪的测量和应用

（1）旋光度的测量原理

自然光在垂直于光轴的任意方向上振动，当一束平行偏振光通过一个尼科尔棱镜（称为

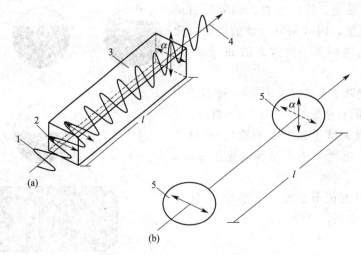

图 2.5-7 旋光性原理示意图

1—偏振光；2—光的振动方向；3—旋光性物质；4—光轴（光的传播方向）；5—偏振面

起偏镜），可获得一束单一的平面偏振光，该偏振光仅限在一个平面上振动。当这束偏振光通过旋光管中的旋光性物质溶液，偏振面旋转 α 角。经旋转后的偏振光来到第二个尼科尔棱镜（称为检偏镜），若检偏镜的透射面与偏振光经旋转后的偏振面垂直，偏振光完全通过检偏镜，则视野最亮。旋转检偏镜使其透射面与偏振面夹角介于 $0°\sim90°$ 之间，则透过光介于最强与最弱之间，视野半明半暗。旋转检偏镜寻找到最亮视野，检偏镜必与经旋转后的偏振光平行，则检偏镜与起偏镜的夹角就是旋光性物质溶液的旋光度值 α。旋光仪（见图 2.5-8）就是利用判断透射光的强弱、视野的明暗来测定旋光物质的旋光度。

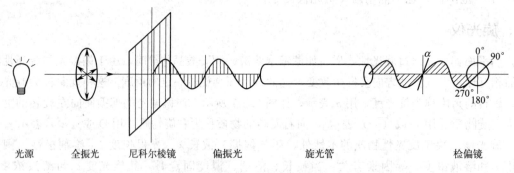

光源　　　　全振光　　尼科尔棱镜　　偏振光　　　旋光管　　　　检偏镜

图 2.5-8 旋光仪的测量原理与结构示意图

由于肉眼对鉴别黑暗的视野误差较大，为精确确定旋光角，常采用三分视野法，在起偏镜后的中部装一狭长的石英片，其宽度约为视野的 1/3，因为石英片也具有旋光性，在旋转相应的角度后，视野中三个区内明暗相等，三分视野消失，如图 2.5-9 所示。

（2）比旋光度与待测溶液的浓度测定

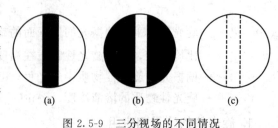

图 2.5-9 三分视场的不同情况

在固定条件下，旋光性物质的比旋光度是一个常数。溶液的比旋光度定义为在液层长度为 1dm，浓度为 $1g \cdot mL^{-1}$，温度为 20℃ 及用钠光源 D 线波长 （589.44nm） 测定时的旋光度，以符号 $[\alpha]_D^{20}$ 表示，20 表示测定温度为 20℃，D 表示钠光源 D 线。溶液的比旋光度按下面关系式计算：

$$[\alpha]_D^{20} = \frac{100 \times \alpha}{lc} \tag{2.5-5}$$

式中 l——旋光管的长度，dm；

c——旋光性物质的溶液浓度，$g \cdot (100mL)^{-1}$。

这样测出未知浓度的样品的旋光度，代入上式可计算出浓度 c。

比旋光度 $[\alpha]$ 是度量旋光物质旋光能力的一个常数，可由手册查出，也可以利用以上关系通过测定溶液的旋光度求算其浓度。将标准物质配成若干浓度的溶液，分别测其旋光度，作标准曲线。测定待测溶液的旋光度，从标准曲线上可查得待测溶液的浓度，或根据以下公式计算：

$$c = \frac{100 \times \alpha}{l \times [\alpha]_D^{20}} \tag{2.5-6}$$

（3）温度校正与波长校正

如果测量时温度不是 20℃，必须进行温度校正。通常在一定的温度范围内，旋光度与温度具有良好的线性关系。所以测量不同温度下同一样品的旋光度 α，很容易求出旋光温度系数 K：

$$\alpha_D^t = \frac{[\alpha]_D^{20} \times l \times c}{100} \times [1 + K(t-20)] \tag{2.5-7}$$

旋光度强烈依赖于光源的有效波长，如果光源有效波长发生变化，不再在 589.44nm 下工作，测量会引起明显误差。校正有效波长的工具是使用标准旋光管，内置石英校正片。将标准旋光管放入旋光仪测试室，将数字温度计的感温探头紧密贴敷在标准旋光管管体上靠近石英片一端，标准旋光管需在测试室内静置 $7 \sim 10min$，以使标准旋光管与测试室内温度达到平衡，记录温度 t。测量该温度时标准旋光管的旋光度 α_λ^t（测量值），计算该温度时标准旋光管的旋光度 α_λ^t（标准值）：

$$\alpha_\lambda^t（标准值） = \alpha_D^{20} \times [1 + 0.000144(t-20)] \tag{2.5-8}$$

式中 α_D^{20}——标准旋光管在 20℃、589.44nm 下的旋光度，该值在标准旋光管的检定证书中标示；

0.000144——标准旋光管的温度系数；

t——波长校正时标准旋光管的温度，℃。

如果 α_λ^t （测量值）与 α_λ^t （标准值）之差大于 $\pm 0.003°$，说明旋光仪内光源的有效波长不在 589.44nm，需要校正仪器的有效波长装置。

2. 圆盘旋光仪的使用方法

物理化学实验用 WZZ-4 圆盘旋光仪测定溶液的比旋光度，仪器系统如图 2.5-10 所示。

（1）准备工作

① 先把预测溶液配好，并加以稳定和沉淀。

② 把预测溶液盛入样品管待测。但应注意样品管两端螺旋不能旋得太紧（一般以随手旋紧不漏水为止），以免玻璃片产生应力而引起视场亮度变化，影响测试准确度，并将两端

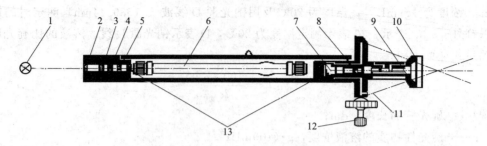

图 2.5-10 仪器系统图

1—光源（钠光）；2—聚光镜；3—滤色镜；4—起偏镜；5—半玻片；6—样品管；7—检偏镜；

8—物镜；9—目镜；10—放大镜；11—度盘游标；12—度盘转动手轮；13—保护片

残液擦净。

③ 接通电源，约 10 分钟，待完全发出钠黄光后，才可观察使用。

④ 检验度盘零度位置是否正确，如不正确，可旋松度盘盖的四只连接螺丝、转动度盘壳进行校正（只能校正 0.5°以下），或把误差值在测量过程中加减。

（2）测定工作

① 打开镜盖，把样品管放入镜筒中，把镜盖盖上。

② 调节视度螺旋至视场中三分视界清晰为止。

③ 转动度盘手轮，至视场亮度相一致（暗视场）时止。

④ 从放大镜中读出读盘所旋转的角度，如图 2.5-11 所示，读数为正的为右旋物质，读数是负的为左旋物质。

采用双游标读数法可按下式求得结果：

$$\alpha = \frac{A+B}{2} \tag{2.5-9}$$

式中，A、B 分别为两游标窗读数值，如果 $A=B$，而且刻度盘转到任意位置都符合此等式，则说明仪器没有偏心差（一般出厂前仪器均作过校正），可以不用"对顶读数法"。

旋光仪刻度盘分为 360 格，每格游标为 20 格，用游标直接读数到 0.05°。

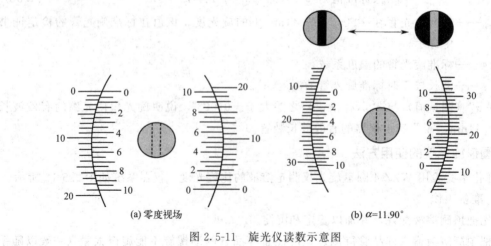

(a) 零度视场   (b) $\alpha = 11.90°$

图 2.5-11 旋光仪读数示意图

3. 注意事项

① 仪器应放在空气流通和温度适宜的地方，不宜潮湿处，以免光学零部件、偏振片受潮发霉及性能衰退。

② 钠光灯管使用时间不宜超过 4 小时，长时间使用需关熄 10～15 分钟，待冷却后再使用。灯管如遇只发红光不能发黄光时，往往是因输入电压过低（不到 220V）所致，这时应设法升高电压到 220V 左右。

③ 样品管使用后，应及时用水或蒸馏水冲洗干净，擦干藏好。镜片不能用不洁或硬质布、纸去擦，以免镜片表面产生划痕。

④ 仪器不用，应将仪器放入箱内或用塑料罩罩上，以防落入灰尘。仪器、钠光灯管、样品管等装箱时应按规定位置放置，以免压碎。

⑤ 不懂装校方法，切勿随便拆动，以免由于不懂装校方法而无法装校好。遇到故障或损坏，应及时送制造厂维修，以保持仪器的使用寿命和测定准确度。

⑥ 旋光角与温度有关，对大多数物质，用钠光测定时，当温度升高 1℃，旋光角约减少 0.3%。对于要求较高的测定工作，最好能在 20℃±2℃ 的条件下进行。

四、荧光分光光度计

荧光分光光度计是用于扫描液相荧光标记物所发出的荧光光谱的一种仪器，能提供包括激发光谱、发射光谱以及荧光强度、量子产率、荧光寿命、荧光偏振等许多物理参数，从各个角度反映了分子的成键和结构情况。通过对这些参数的测定，不但可以做一般的定量分析，而且还可以推断分子在各种环境下的构象变化，从而阐明分子结构与功能之间的关系。荧光分光光度计的激发波长扫描范围一般是 190～650nm，发射波长扫描范围是 200～800nm。可用于液体、固体样品（如凝胶条）的光谱扫描。

1. 测量原理

由高压汞灯或氙灯发出的紫外光和蓝紫光经滤光片照射到样品池中，激发样品中的荧光物质发出荧光，荧光经过滤和反射后，被光电倍增管所接收，然后以图或数字的形式显示出来。

物质荧光的产生是由在通常状况下处于基态的物质分子吸收激发光后变为激发态，这些处于激发态的分子是不稳定的，在返回基态的过程中将一部分的能量又以光的形式放出，从而产生荧光。

不同物质由于分子结构的不同，其激发态能级的分布具有各自不同的特征，这种特征反映在荧光上表现为各种物质都有其特征荧光激发和发射光谱，因此可以用荧光激发和发射光谱的不同来定性地进行物质的鉴定。

在溶液中，当荧光物质的浓度较低时，其荧光强度与该物质的浓度通常有良好的正比关系，即 $I_F=Kc$，利用这种关系可以进行荧光物质的定量分析，与紫外-可见分光光度法类似，荧光分析通常也采用标准曲线法进行。

2. 仪器基本结构

（1）光源　为高压汞蒸气灯或氙弧灯，后者能发射出强度较大的连续光谱，且在 300～400nm 范围内强度几乎相等。

（2）激发单色器　置于光源和样品室之间的为激发单色器或第一单色器，筛选出特定的激发光谱。

（3）发射单色器　置于样品室和检测器之间的为发射单色器或第二单色器，常采用光栅为单色器，筛选出特定的发射光谱。

（4）样品室　通常由石英池（液体样品用）或固体样品架（粉末或片状样品）组成。测量液体时，光源与检测器成直角安排，测量固体时，光源与检测器成锐角安排。

（5）检测器　一般用光电管或光电倍增管作检测器。可将光信号放大并转变为电信号。

3. 应用

荧光光谱法具有灵敏度高、选择性强、用样量少、方法简便、工作曲线线形范围宽等优点，可以广泛应用于生命科学、医学、药学和药理学、有机和无机化学等领域。

（1）无机化合物　无机金属离子和非金属离子，如元素 Al、Au、B、Be、Ca、Cu、Eu、Ga、Ge、Hf、Mg、Nb、Pb、Rh、Ru、S、Se、Si、Ta、Th、Te、W、Zn、Zr 等。

（2）有机化合物　有机物如多环胺类、萘酚类、吲哚类、多环芳烃、氨基酸、蛋白质等。如吗啡、喹啉类、异喹啉类、麦角碱、维生素 A、维生素 B_1、维生素 B_2、维生素 B_6、叶酸、甾体、抗生素、酶、辅酶等。

（3）基因研究及检测　通过荧光探针的荧光强度变化来研究 DNA 与小分子及药物的作用机理，从而探讨致病原因及筛选和设计新的高效药物。

4. 仪器使用注意事项

① 预防电磁波的干扰。

② 使用仪器原装电源，避免电压、频率不正常引发仪器故障。

③ 样品室内避免使用腐蚀、挥发性试剂，避免所用试剂、气体、空气或冷却水含有杂质引起仪器管道腐蚀，光路、电路元件损坏。

下 篇

实验部分

第三章

热力学实验

实验一　恒温槽性能测试和温度计校正

一、实验目的

1. 了解恒温槽的构造及恒温原理。
2. 绘制恒温槽的灵敏度曲线，学会分析恒温槽性能和温度控制。
3. 掌握温度计的校正方法。
4. 了解贝克曼温度计的调节及使用方法。

二、实验原理

物理化学实验所测数据，如折射率、黏度、蒸气压、表面张力、电导率、化学反应速率常数等都与温度有关，因此许多物理化学实验必须在恒温下进行。欲控制被研究体系的某一温度，通常采取两种方法：一种是利用物质相变时温度的恒定性来实现，叫介质浴。如液氮（—195.9℃）、冰-水（0℃）、沸点萘（218℃）等。介质浴的优点是装置简单、温度恒定，缺点是对温度的选择有一定限制，无法任意调节。另一种是利用电子调节系统，通过控制加热或者制冷系统使被控制对象处于设定的温度之内。

恒温槽是一种常用的控制温度维持恒温的装置。恒温槽主要依靠恒温控制器来控制恒温槽的热平衡，当恒温槽因对外散热而使水温降低时，控制继电器接通输出接线柱使恒温槽内的加热器工作，待加热到所需温度时，它又断开输出接线柱使加热器停止工作，如此反复进行，从而使恒温槽维持在所需要的温度。

这种温度控制装置属于"通""断"类型，由于传热都有一个速度，因此，出现温度传递的滞后，即当控温继电器恢复断开状态，断开控温继电器输出接线柱时，电热器附近的实际水温已超过了指定温度，因此，恒温槽实际温度必高于指定温度。同理，降温时也会出现滞后状态。

由此可知，恒温槽控制的温度存在一个波动范围，而不是控制在某一固定不变的温度，并且恒温槽内各处的温度也会因搅拌效果的优劣而不同，控制温度的波动范围越小，各处的温度越均匀，恒温槽的灵敏度越高。因此灵敏度是衡量恒温槽性能的主要标志，它除与感温元件、电子继电器有关外，还受搅拌器的效率、加热器的功率等因素的影响。

恒温槽灵敏度的测定是在指定温度下，观察温度的波动情况。用较灵敏的温度计，如贝克曼温度计或温度温差测量仪，记录温度随时间的变化，最高温度为 $T_\text{高}$，最低温度为 $T_\text{低}$。恒温槽灵敏度曲线是一条以温度为纵坐标，时间为横坐标，根据不同时刻对应不同温度绘制而成的曲线。如图 1-1 所示，曲线（a）表示恒温槽灵敏度较高；（b）表示灵敏度较低，需要更换较灵敏的接触温度计；（c）表示加热器功率太大；（d）表示加热器的功率太小或恒温槽散热太快。（b）（c）（d）灵敏度较低。

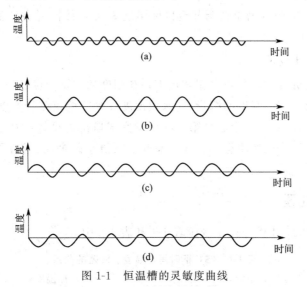

图 1-1　恒温槽的灵敏度曲线

若已知灵敏度曲线上的最高温度 $T_\text{高}$ 和最低温度 $T_\text{低}$，则恒温槽的灵敏度 T_E 可表示为：

$$T_\text{E} = \pm \frac{T_\text{高} - T_\text{低}}{2} \tag{1-1}$$

为了提高恒温槽的灵敏度，需要注意如下事项：

① 恒温介质流动性好，传热性能好，控温灵敏度就高；

② 加热器功率要适宜，热容量要小，控温灵敏度就高；

③ 搅拌器搅拌速度要足够大，才能保证恒温槽内温度均匀；

④ 继电器电磁吸引电键，发生机械作用的时间越短，断电时线圈中的铁芯剩磁越小，控温灵敏度就越高；

⑤ 电接点温度计热容小，对温度的变化敏感，则灵敏度高；

⑥ 环境温度与设定温度的差值越小，控温效果越好。

三、仪器与试剂

玻璃恒温水浴 1 套，温度温差测量仪 1 台，水银温度计 1 支，秒表 1 块。

四、实验步骤

（一）恒温槽灵敏度曲线测定

1. 将蒸馏水注入水浴总容积的 2/3 处。

2. 打开电源开关，开动搅拌器，调节搅拌器到合适转速，并将恒温槽感温元件放入水槽中部。将面板"设定/测量"功能键扳到"设定"挡，旋转温度设定旋钮设定加热温度，然后将"设定/测量"功能键扳到"测量"挡。

3. 恒温槽灵敏度的测定：本实验用温度温差测量仪代替贝克曼温度计来测量温度的变化情况。待恒温槽在目标温度下恒温 15 分钟后，将温度温差测量仪感温元件放入恒温水浴中，待数字显示屏读数稳定，依次按"温度/温差""置零""报时开关"按键。当报时蜂鸣声响时（0.5 分钟报时一次），记录温度温差数字显示屏读数，即为温差读数，测定约 40 分钟，恒温槽温度变化范围要求在 ±0.15℃ 之内。

4. 按上述步骤，将恒温槽重新调节至目标温度 35℃，按同样方法测定该温度恒温槽灵敏度。

（二）水银温度计校正

水银温度计校正分读数的校正（露茎校正）和刻度的校正，读数校正（露茎校正）具体实验方法见第二章第一节"温度的测量"。水银温度计刻度校正测量温度包含冰水混合温度，30℃，50℃，80℃，100℃，每个温度第一次测量完成取出温度计，待水银柱回到自然的位置后，再进行第二次、第三次测量，测得结果取平均值，记录在"温度计校准记录表"内，允许误差数 ±1.0℃。

五、数据记录和处理

1. 将操作步骤中 3、4 的数据记录于表 1-1 和表 1-2 中。

表 1-1 25℃ 下时间与温度、温差的关系

大气压：_____kPa，室温：_____℃，恒温槽目标温度：_____℃。

时间			
温差			
温度			

表 1-2 35℃ 下时间与温度、温差的关系

大气压：_____kPa，室温：_____℃，恒温槽目标温度：_____℃。

时间			
温差			
温度			

2. 以时间为横坐标、温度为纵坐标，分别绘制 25℃ 和 35℃ 时恒温槽灵敏度曲线。

3. 求出恒温槽在 25℃、35℃ 时的灵敏度 T_E，并根据灵敏度曲线对该恒温槽的恒温效果作出评价。

4. 将水银温度计刻度的校正数据记录在表 1-3 中。

表 1-3 温度计校正记录表

实际温度/℃							......		
温度计示值/℃	第一次	第二次	第三次	第一次	第二次	第三次	第一次	第二次	第三次
Δt/℃									

5. 求出水银温度计露茎校正值。

6. 绘制水银温度计刻度校正曲线。

六、思考题

1. 恒温槽的控温原理是什么？

2. 恒温槽内各处的温度是否相同？为什么？

3. 为什么设定恒温槽温度时，要使首次设定的温度低于目标温度？

4. 对于提高恒温槽的灵敏度，可从哪些方面进行改进？

实验二　燃烧热的测定

一、实验目的

1. 熟悉氧弹式量热计的原理、构造及使用方法。

2. 掌握用氧弹式量热计测定燃烧热的实验技术。

3. 掌握燃烧热的定义，理解恒压燃烧热与恒容燃烧热的差别及相互关系。

4. 学会用雷诺图解法校正温度改变值。

二、实验原理

1. 燃烧与量热

根据热化学的定义，1mol 物质完全氧化时的反应热称作燃烧热。燃烧热的测定，除了有其实际应用价值外，还可以用于求算化合物的生成热、键能等。

量热法是热力学的一种基本实验方法。在恒容或恒压条件下可以分别测得恒容燃烧热 Q_V 和恒压燃烧热 Q_p。由热力学第一定律可知，Q_V 等于内能变化 ΔU，Q_p 等于其焓变 ΔH。若把参加反应的气体和反应生成的气体都作为理想气体，则它们之间存在以下关系：

$$\Delta H = \Delta U + \Delta(PV) \tag{2-1}$$

$$Q_p = Q_V + \sum_B \nu_B RT \tag{2-2}$$

式中，$\sum_B \nu_B$ 为反应方程式中气体物质的化学计量数之和；R 为摩尔气体常数；T 为反应的热力学温度。

量热计的种类很多，本实验所用的氧弹量热计是一种环境恒温式的量热计。

2. 氧弹量热计

氧弹量热计的基本原理是能量守恒定律。样品完全燃烧后所释放的能量使氧弹本身及其周围的介质和量热计有关附件的温度升高，则测量介质在燃烧前后体系温度的变化值，就可求算该样品的恒容燃烧热，其关系式如下：

$$-m_{样} Q_V - m_1 \cdot Q_1 = (m_水 C_水 + C_计) \Delta T \tag{2-3}$$

$$-m_{样} Q_V - m_1 \cdot Q_1 = C_总 \cdot \Delta T \tag{2-4}$$

式中，$m_{样}$ 和 m_1 分别为样品和燃烧丝的质量，g；Q_V 和 Q_1 分别为样品和引燃用金属丝的恒容燃烧热，$J \cdot g^{-1}$；$m_{水}$ 和 $C_{水}$ 是以水作为测量介质时，水的质量和比热容；$C_{计}$ 称为量热计的水当量，即除水之外，量热计升高 1℃所需的热量；ΔT 为样品燃烧前后水温的变化值。$C_{总}$ 为量热体系（包括内水桶、氧弹、测温器件、搅拌器和水）的总水当量（量热体系每升高 1K 所需的热量，总热容），其值由已知燃烧热值的苯甲酸确定。求出量热体系的总水当量 $C_{总}$ 后，再用相同方法对其他物质进行测定，测出温升 ΔT，代入上式，即可求得其燃烧热。

为了保证样品完全燃烧，氧弹中必须充以高压氧气或其他氧化剂。因此氧弹应有很好的密封性能，耐高压且耐腐蚀。实验中氧弹应放在一个与室温一致的恒温套壳中。

3. 雷诺温度校正图

在实验中，量热计和周围环境的热交换无法完全避免，它对温度测量值的影响可用雷诺温度校正图校正。具体方法为：称取一定量待测物，估计其燃烧后可以使水温上升 1.5～2.0℃，预先调节水温使其低于室温 1.0℃左右，按操作步骤进行测定，根据燃烧前后记录所得的一系列水温和时间作图，可得如图 2-1 所示的曲线。图 2-1(a) 中 H 点相当于燃烧开始时出现升温点，过 H 点做平行于 x 轴直线交 y 轴于 T_1；D 点为读数中的最高温度点，过 D 点做平行于 x 轴直线交 y 轴于 T_2，在 $T = (T_1 + T_2)/2$ 处作平行于横轴的直线交曲线于 I 点，过 I 点作垂直于 x 轴的直线 ab，然后将 FH 线和 GD 线延长交 ab 线于 A 和 C 两点。A 点与 C 点的差值，即为校正后的温度升高值 ΔT。图中 AA' 为开始燃烧到温度上升至室温这一段时间 Δt_1 内，由环境辐射和搅拌引进的能量所造成的体系升温，故应扣除。CC' 为由室温升高到最高点 D 这一段时间 Δt_2 内，量热计向环境的热漏造成的体系温度降低，计算时应加上此段温度值。由此可见，AC 两点的温度差值较客观地表示了样品燃烧后量热计温度升高值。

在某些情况下，有时量热计绝热情况良好，而搅拌器功率较大，不断引进的能量使得曲线不出现极高温度点，如图 2-1(b) 所示，这时仍可按相同原理校正。

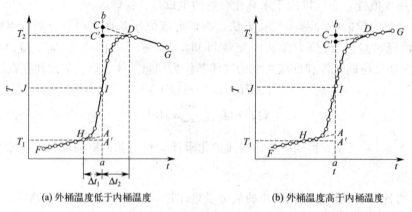

(a) 外桶温度低于内桶温度　　　　　　(b) 外桶温度高于内桶温度

图 2-1　雷诺温度校正图

三、仪器与试剂

XRY-1 型氧弹式量热计 1 套，温度温差测量仪 1 台，氧气钢瓶 1 只，压片机 1 台，压片模具 1 套，燃烧杯 2 个，分析天平 1 台，台秤 1 台，万用电表 1 个，容量瓶（1000mL）1 个，引燃用铜丝（或镍铬丝）若干。

苯甲酸（分析纯），蔗糖（分析纯）。

四、实验步骤

1. XRY-1 型氧弹式量热计使用

见第二章第二节"二、热化学测量技术"。

2. 量热体系的总水当量 $C_总$

（1）样品制作

在台秤上粗称大约 0.8g 苯甲酸（切勿超过 1.0g），在压片机上压成圆片，不要过于用力，也不要太松。样片压得太紧，点火时不易引燃，压得太松，样品容易散落。将成型样品放在干净的滤纸上，用分析天平精称，记录质量。

（2）装样并充氧气

拧开氧弹盖，将氧弹内壁擦干净，特别是电极的不锈钢丝更应擦干净。取洁净的燃烧杯，小心将样品片放置在燃烧杯内，然后把燃烧杯放在氧弹下端的金属托架上。取一引燃用金属丝，称量并记录。按图 2-2 将金属丝两端固定在氧弹电极上，金属丝与样品片充分接触，但与燃烧杯切不可相碰，以免造成短路。用万用电表检查两极间的电阻值，一般不应大于 10Ω，保证线路连接良好。

旋紧氧弹盖，然后充氧。首先打开氧气钢瓶总阀门，顺时针转动压力调节螺杆使压力表显示到需要压力。先用氧气置换氧弹中的空气，即充入 0.5MPa 的氧气然后放掉。再向氧弹中充入 1.0～1.5MPa 的氧气（充氧 0.5min 左右，勿超过 1.5MPa）。再次用万用表检查两电极间的电阻，如阻值过大，可能是电极与弹壁短路，则应放出氧气，开盖检查并连接好后重新充气，待用。

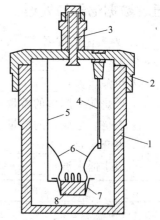

图 2-2　氧弹内部示意图

1—弹体；2—弹盖；

3—出气管；4，5—电极；

6—引燃用金属丝；7—燃烧杯；

8—样品片

（3）测量

① 打开电源开关，调节内桶位置，使搅拌叶片能搅动而不触碰内桶壁为宜。

② 用温度计测定夹套水温，记录其温度值。

③ 先调节内桶自来水的温度低于夹套水温 1.0℃左右，再用 1L 容量瓶准确量取已被调好水温的自来水 3L 于内桶中。将充好气的氧弹垂直、缓慢地放入内桶中央，放稳（水面盖过氧弹端面，如内有气泡逸出，则表明氧弹漏气，需要查找漏气原因并排除）。

④ 将点火电极插头插在氧弹的两电极上，盖上量热计盖子，将温度温差测量仪感温元件插入内桶中，开动搅拌。

⑤ 搅拌几分钟，待温度变化基本稳定后，打开秒表，开始读点火前最初阶段的温度，每间隔 20 秒读取一次（准确读至 0.001℃），共读取 10 次。自开始读取温度到点火，称为前期。读数完毕，立即将"点火功能"键扳到"点火"挡，旋转"点火电流"到刻度盘的 1/4 处，点火成功后，体系温度会迅速上升，进入反应期，此时将"点火功能"键扳到"振动"挡，旋转"点火电流"到零。在反应期，每 5 秒读取一次温度。当温度变化缓慢，表明进入了末期（两次读数差值小于 0.005℃），每间隔 20 秒读取一次，再记录 10 次末期温度方可停止实验。如果点火后 2 分钟内温度变化很小，温度也不见迅速上升，说明样品未燃烧，点火失败，则应重新操作。实验过程从打开秒表记录温度开始，秒表不能置零或者停止，直至末期温度记录完毕才可以停秒表。

⑥ 小心取出温度温差测量仪感温元件，再打开桶盖，拔去电极插头，取出氧弹，放出余气，然后旋开氧弹盖，检查样品燃烧是否完全。氧弹中应没有明显的燃烧残渣。若发现较多的黑色残渣（说明什么？），则应重做实验。测量燃烧剩下的金属丝质量，倾出内桶中的自来水，最后擦干氧弹和盛水桶，待用。

3. 蔗糖的燃烧热 Q_V 的测量

称取 1.0～1.2g 左右（切勿超过 1.5g）的蔗糖，压片（在标有蔗糖的压片机上压制，不能与苯甲酸共用！）。蔗糖燃烧热 Q_V 的测定方法和操作步骤与量热体系的总水当量 $C_总$ 值测定完全相同。

五、数据记录与处理

1. 列表记录数据

室温：_____　　大气压：_____

苯甲酸质量：_____　　蔗糖的质量：_____

　燃烧前金属丝的质量：_____　　　燃烧前金属丝的质量：_____

　燃烧后金属丝的质量：_____　　　燃烧后金属丝的质量：_____

　夹套水温：_____　　　　　　　夹套水温：_____

　盛水桶水温：_____　　　　　　盛水桶水温：_____

点火前		点火后	
时间/s	温度/℃	时间/s	温度/℃

2. 作蔗糖燃烧的雷诺校正曲线图。

3. 计算蔗糖在恒容下完全燃烧的 $\Delta_c U_{m,T}$ 和蔗糖的恒压燃烧热 $\Delta_c H_{m,T}$，并与文献值比较。蔗糖恒压燃烧热文献值为 -16486J·g^{-1}（25℃，$p^{\ominus}$）。

4. 苯甲酸的恒容燃烧热为 -26460J·g^{-1}，引燃铜丝的燃烧热值为 -2510J·g^{-1}，镍铬丝的燃烧热值为 -3242J·g^{-1}。

六、注意事项

1. 样品点燃及燃烧完全与否，是本实验最重要的一步。应该小心仔细地压片，装样，绑金属丝和充气。

2. 氧弹充气时要注意安全，人应站在侧面，减压阀指针不可超过 1.5MPa。

3. 在实验过程中测量夹套水温时（用于升温曲线的中点作垂线用），应注意观察夹套初始温度是否和室温一致，如不一致，则应调节夹套水温至室温，以减少测量误差。

4. 注意压片前后应将压片机擦干净，氧弹、量热容器、搅拌器在使用完毕后，应用干布擦去水迹，保持表面清洁干燥。

5. 试样在氧弹中燃烧产生的压力可达 14MPa。因此在使用后应将氧弹内部擦干净，以免引起弹壁腐蚀，降低其强度。

七、思考题

1. 在本实验中，哪些是系统？哪些是环境？系统和环境间有无热交换？这些热交换对实验结果有何影响？如何校正？

2. 试分析样品燃不着、燃不尽的原因有哪些？

3. 试分析测量中影响实验结果的主要因素有哪些？本实验成功的关键因素是什么？

4. 使用氧气钢瓶和氧气减压阀时要注意哪些事项？

实验三　凝固点下降法测定不挥发溶质的分子量

一、实验目的

1. 掌握凝固点降低法测定萘的摩尔质量。
2. 掌握溶液凝固点的测定技术。
3. 了解用步冷曲线对溶液凝固点进行校正。
4. 加深对稀溶液依数性的理解。

二、实验原理

1. 凝固点降低法测分子量的原理

化合物的分子量是一个重要的物理化学参数。用凝固点降低法测定物质的分子量是一种简单而又比较准确的方法。稀溶液有依数性，凝固点降低是依数性的一种表现。当稀溶液凝固析出纯固体溶剂时，则溶液的凝固点低于纯溶剂的凝固点，其降低值与溶液的质量摩尔浓度成正比。即

$$\Delta T = T_0 - T = K c_B \tag{3-1}$$

式中，T_0 为纯溶剂的凝固点；T 为溶液的凝固点；c_B 为溶液中溶质 B 的质量摩尔浓度；K 为溶剂的质量摩尔凝固点降低常数，它的数值仅与溶剂的性质有关。

若称取一定量的溶剂 $m_A(g)$ 和溶质 $m_B(g)$ 配成稀溶液，则此溶液的质量摩尔浓度为：

$$c_B = \frac{m_B}{M_B \times m_A} \times 10^3 \tag{3-2}$$

式中，M_B 为溶质的分子量，将式(3-2) 代入式(3-1)，整理得：

$$M_B = \frac{K \times m_B}{\Delta T \times m_A} \times 10^3 \tag{3-3}$$

因此，只要取得一定量的溶质 $m_B(g)$ 和溶剂 $m_A(g)$ 配成一稀溶液，分别测纯溶剂和稀溶液的凝固点，求得 ΔT，再查得溶剂凝固点降低常数，代入式(3-3) 即可求得溶质的摩尔质量。

注意：当溶质在溶液中有解离、缔合、溶剂化或形成配合物等情况时，不适用上式计算，式(3-3) 一般只适用于强电解质稀溶液。

2. 凝固点测量原理

纯溶剂的凝固点是其液-固共存的平衡温度。将纯溶剂逐步冷却时，在未凝固之前温度将随时间均匀下降，开始凝固后由于放出凝固热而补偿了热损失，体系将保持液-固两相共存的平衡温度不变，直到全部凝固，再继续均匀下降（见图 3-1）理论上得到它的步冷曲线〔见图 3-1 中的(a)〕。但在实际过程中经常发生过冷现象，液体的温度会下降到凝固点以下，待固体析出后会慢慢放出凝固热，使体系的温度回到平衡温度，待液体全部凝固之后，温度逐渐下降〔见图 3-1 中(b)〕。

溶液的凝固点是该溶液的液相与纯溶剂的固相平衡共存的温度。溶液的凝固点很难精确测量，当溶液逐渐冷却时，其步冷曲线与纯溶剂不同〔见图 3-1 中(c)、(d)〕。由于有部分溶剂凝固析出，使剩余溶液的浓度增大，因而剩余溶液与溶剂固相的平衡温度也在下降，就会出现（c）曲线的形状，通常也会有稍过冷的（d）曲线形状，此时可将温度回升的最高值近似地作为溶液的凝固点。

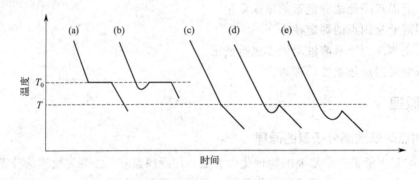

图 3-1　冷却曲线图

在测量过程中，析出的固体越少越好，以减少溶液浓度的变化，才能准确测定溶液的凝固点。若过冷太甚，溶剂凝固越多，溶液的浓度变化太大，就会出现图 3-1 中（e）曲线的形状，使测量值偏低。在实验过程中可通过加速搅拌、控制过冷温度、加入晶种等控制过冷影响。

3. 凝固点实验装置

凝固点实验装置示意图如 3-2 所示。

三、仪器与试剂

凝固点实验装置 1 套，水银温度计（分度值 $0.1℃$）1 支，25mL 移液管 1 支，分析天平 1 台。

环己烷（分析纯），萘（分析纯），碎冰。

四、实验步骤

1. 调节寒剂温度

取适量冰与水混合，装入凝固点实验装置内，使寒剂温度控制在 $3\sim3.5℃$ 左右（寒剂温度不低于所测溶液凝固点 $3℃$ 为宜），在实验过程中不断搅拌寒剂并不断补充碎冰，使寒

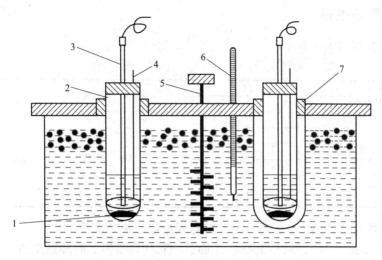

图 3-2　凝固点实验装置示意图

1—磁力搅拌子；2—样品管 A；3—感温元件；4—手动搅拌；

5—寒剂搅棒；6—水银温度计；7—空气套管 B

剂保持此温度。

2. 溶剂凝固点的测定

用移液管向清洁、干燥的样品管 A 中加入 25mL 环己烷，注意不要使环己烷溅到管壁上，加入的环己烷浸没感温元件探头，并记下环己烷的温度。用胶塞塞紧，将盛环己烷的样品管直接插入寒剂中，调节管内磁力搅拌子转速，并不断用手动搅拌上下运动，平稳搅拌使之冷却，当开始有晶体析出时，迅速将样品管从寒剂中取出，擦干管外的冰水，快速放入空气套管 B 中冷却，并配合手动搅拌，观察降温过程，当温度达到最低点后，又开始回升，回升到最高点后又开始下降。记录最高及最低点温度，其中最高点温度即为环己烷的近似凝固点。

取出样品管 A，用手捂住管壁片刻，同时不断搅拌，使管中固体全部溶化，注意温度不宜升过高。将样品管 A 直接插入寒剂中，磁力搅拌液体，使之冷却至比近似凝固点略高 0.5℃时，迅速取出样品管 A，擦干管外冰水后将样品管 A 放在空气套管 B 中，缓慢磁力搅拌和手动搅拌，使环己烷的温度均匀逐渐降低，同时开始计时，每隔 10 秒读取一次温度，当温度降至比近似凝固点低 0.2℃时，快速搅拌，促使固体析出。当固体析出时，温度开始回升，再改为缓慢搅拌。直到温度回升到稳定为止，停止实验，记录最高及最低点温度，重复测定三次，要求溶剂凝固点的绝对平均误差小于±0.003℃，三次测量平均值作为纯环己烷的凝固点。

3. 溶液凝固点的测定

取出样品管 A，如前将管中环己烷溶化，用分析天平精确称取萘（约 0.1500g）加入样品管 A 中，待全部溶解后，测定溶液的凝固点。测定方法与环己烷的相同，先测近似的凝固点，再精确测定，重复三次，取平均值。

4. 结束实验

实验完成后，洗净样品管 A 和空气套管 B，关闭电源，放尽凝固点实验装置中的冰水。

五、数据记录与处理

1. 将实验数据列入下表中：

室温：＿＿＿＿＿℃，大气压力：＿＿＿＿＿＿Pa。

物质	体积/质量	凝固点 T		凝固点降低值	萘的分子量
		测量值	平均值		
环己烷		1			
		2		$\Delta T = T_0 - T$	$M_B = \dfrac{K \times m_B}{\Delta T \times m_A} \times 10^3$
		3			
萘		1			
		2			
		3			

2. 由所得数据计算萘的分子量，并计算与理论值的相对误差。

3. 用 $\rho_t / g \cdot cm^{-3} = 0.7971 - 0.8879 \times 10^{-3} t / ℃$ 计算室温 t 时环己烷的密度，然后算出所取的环己烷的质量 m_A。

4. 由测定的纯溶剂、溶液凝固点 T_0、T，计算萘的摩尔质量。

六、注意事项

1. 搅拌速度的控制是做好本实验的关键，每次测定应按要求的速度搅拌，并且测定溶剂与溶液凝固点时搅拌条件要完全一致。准确读取温度也是本实验的关键所在，应准确至小数点后第三位。

2. 寒剂温度对实验结果也有很大影响，过高会导致冷却太慢，过低则测不出正确的凝固点。

七、思考题

1. 在冷却过程中，样品管内液体有哪些热交换存在？它们对凝固点的测定有何影响？
2. 为什么要用空气套管？
3. 溶质在溶液中有解离、缔合的现象，对分子量的测定值有何影响？

实验四　纯液体饱和蒸气压的测定

一、实验目的

1. 掌握静态法测定液体饱和蒸气压的原理及操作方法，学会由图解法求其平均摩尔汽化热和正常沸点。

2. 了解纯液体的饱和蒸气压与温度的关系、克劳修斯-克拉贝龙（Clausius-Clapeyron）方程式的意义。

3. 掌握真空泵及福廷式气压计的使用及注意事项。

二、实验原理

通常温度下（距离临界温度较远时），纯液体与其蒸气达到平衡时的蒸气压称为该温度下液体的饱和蒸气压，简称蒸气压。液体的蒸气压随温度而变化，温度升高时，蒸气压增大；温度降低时，蒸气压降低，这主要与分子的动能有关。当蒸气压等于外界压力时，液体便沸腾，此时的温度称为沸点，外压不同时，液体沸点将相应改变，当外压为 1atm（101.325kPa）时，液体的沸点称为该液体的正常沸点。而液体在其他各压力下的沸腾温度称为沸点。蒸发 1mol 液体所吸收的热量称为该温度下液体的摩尔蒸发热。

液体的饱和蒸气压与温度的关系用克劳修斯-克拉贝龙方程式表示：

$$\frac{\mathrm{d}(\ln p)}{\mathrm{d}T} = \frac{\Delta_{\mathrm{vap}}H_{\mathrm{m}}}{RT^2} \tag{4-1}$$

式中，R 为摩尔气体常数，$8.314\mathrm{J \cdot (mol \cdot K)^{-1}}$；$T$ 为热力学温度；$\Delta_{\mathrm{vap}}H_{\mathrm{m}}$ 为在温度 T 时纯液体的摩尔蒸发热，$\mathrm{J \cdot mol^{-1}}$。

假定 $\Delta_{\mathrm{vap}}H_{\mathrm{m}}$ 与温度无关，或因温度范围较小，$\Delta_{\mathrm{vap}}H_{\mathrm{m}}$ 可以近似作为常数，积分上式，得：

$$\ln p = -\frac{\Delta_{\mathrm{vap}}H_{\mathrm{m}}}{R} \times \frac{1}{T} + C \tag{4-2}$$

式中，C 为积分常数。由此式可以看出，以 $\ln p$ 为纵坐标，$1/T$ 为横坐标作图，应为一直线，直线的斜率为 $-\dfrac{\Delta_{\mathrm{vap}}H_{\mathrm{m}}}{R}$，由斜率可求算液体的 $\Delta_{\mathrm{vap}}H_{\mathrm{m}}$。将该直线外推到压力为常压时的温度，即为液体的正常沸点。

测定液体饱和蒸气压的方法有三种，分别为动态法、静态法和饱和气流法。动态法是在不同外界压力下，测定液体的沸点，这种方法适合测定蒸气压较小的液体。静态法是在把待测物质放在一个密闭体系中，在不同温度下直接测量蒸气压，测量方法是调节外压与液体蒸气压相等，此方法精确度高，适用于蒸气压比较大的液体。由于静态法需要取不同温度来做图，因此需要被测范围较宽，也就是要求被测液体蒸气压较大。饱和气流法是在一定的液体温度下，使干燥的惰性气流通过被测液体，并使其为被测液体所饱和，测定通过的气流中被测液体蒸气的含量，根据分压定律计算被测液体的饱和蒸气压。本实验采用静态法进行测量。

静态法测量不同温度下纯液体饱和蒸气压，有升温法和降温法两种。本次实验采用升温法测定不同温度下纯液体的饱和蒸气压，所用仪器是纯液体饱和蒸气压测定装置，如图 4-1 所示。

等压计由样品球 A 和 U 形管 B、C 组成。等压计上接一冷凝管，用橡皮管与压力计相连。A 内装待测液体，当 A 球的液面上纯粹是待测液体的蒸气，而 B 管与 C 管的液面处于同一水平时，则表示 B 管液面上的（即 A 球液面上的蒸气压）与加在 C 管液面上的外压相等。通过压力计读数，则液体的饱和蒸气压 $p_{饱和蒸气压} = p_{大气压} - p_{表压}$。此时，体系气液两相平衡的温度称为液体在此外压下的沸点。

三、仪器与试剂

饱和蒸气压测定装置 1 套（包括等压计、冷凝管等），低真空数字测量仪 1 台，缓冲储气罐 1 台，真空泵 1 个，玻璃恒温水槽 1 套，缓冲瓶 1 个。

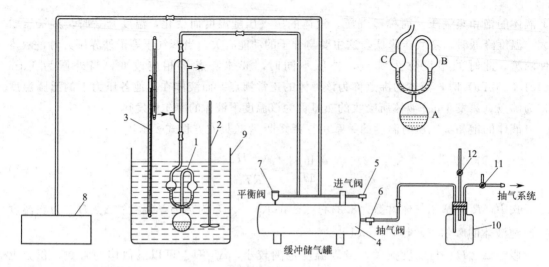

图 4-1　液体饱和蒸气压测定装置图

1—等压计；2—搅拌器；3—温度计；4—缓冲储气罐；5—进气阀；6—抽气阀；7—平衡阀；
8—低真空数字测量仪；9—恒温水浴；10—缓冲瓶；11—三通活塞；12—直通活塞

无水乙醇（分析纯）。

四、实验步骤

1. 恒温槽目标温度的设定
调节恒温槽至目标温度。

2. 检漏
将烘干的等压计与冷凝管连接，打开冷却水，关闭直通活塞 12 和进气阀 5，打开三通活塞 11、抽气阀 6 和平衡阀 7，打开真空泵，使低真空数字测量仪上显示值为 53~67kPa。关闭抽气阀 6，注意观察精密数字压力计的压力值变化。如果系统漏气，则压力值逐渐变小。此时缓慢打开直通活塞 12，关闭真空泵。关闭相关段阀，细致分段检查，寻找漏气部位，设法消除。

3. 装样
取下等压计，将样品球 A 烤热，赶出样品球内的空气，再从上口加入无水乙醇，样品球 A 冷却时，即可将乙醇吸入，再烤，再装，装至 2/3 球的体积。在 U 形管中加无水乙醇作液封。

4. 体系抽真空、测定饱和蒸气压
等压计与冷凝管接触处涂抹真空油脂，使样品小球 A 浸没于一定温度的恒温水槽中，关闭直通活塞 12 和进气阀 5，打开三通活塞 11、抽气阀 6 和平衡阀 7，打开真空泵，使等压计中液体缓缓沸腾，此时样品球内的空气不断随乙醇蒸气从 BC 管逸出（气泡不要成串冲出，以一个一个逸出为宜，如果气泡逸出速度过快，可微微打开进气阀 5，漏入少量空气，但应注意不要使空气倒灌入样品球 A 中），如此持续 3~5 分钟，排尽样品球中的空气，关闭抽气阀 6，缓慢打开直通活塞 12，然后关闭真空泵。缓缓调节进气阀 5，调节 U 形管两侧液面等高，从低真空数字测量仪上读出压力值及恒温槽中水的温度值，按上述步骤再抽气，再调节等压计双臂液面等高，重读压力值，直至两次的压力值读数相差无几，则表示样品球

液面上的空间全部被乙醇蒸气充满，记下低真空数字测量仪上的读数。

5. 重复测定不同温度下无水乙醇的蒸气压

按步骤 4 法测定 25℃、30℃、35℃、40℃、45℃、50℃时无水乙醇的蒸气压。注意：升温过程中应缓慢调节进气阀 5，缓缓放入空气，使 U 形管两臂液面接近相等，如放入空气过多，可打开抽气阀 6 和真空泵抽气。

6. 结束实验

实验完毕后，缓缓打开进气阀 5 至低真空数字测量仪显示为 0，然后关闭低真空数字测量仪。在福廷式气压计上读取当时大气压，并记录。

五、数据记录与处理

1. 将实验数据填入表 4-1 中。

表 4-1　不同温度下的纯液体饱和蒸气压

室内大气压 $p_{大气压}$：_____Pa，校正后的室内大气压 $p_{大气压}$：_____Pa。

温度 $t/℃$	温度 T/K	$(1/T)/K^{-1}$	$p_{表压}/kPa$	$p(=p_{大气压}-p_{表压})/kPa$	$\ln(p/kPa)$

2. 绘出 $\ln p$ 对 $1/T$ 之图，计算实验温度区间内乙醇的平均摩尔蒸发热 $\Delta_{vap}H_m$ 和正常沸点。计算正常沸点、$\Delta_{vap}H_m$ 的相对误差，并对实验结果进行讨论。

3. 由表 4-1 列出的数据绘制蒸气压 p 对温度 T 的曲线，并求取 30℃和 40℃两处的斜率，即 $(dp/dT)_{30℃}$ 和 $(dp/dT)_{40℃}$。

4. 根据文献，表 4-2 列出不同温度下乙醇的蒸气压。

表 4-2　不同温度下乙醇的蒸气压

温度 T/K	293.2	298.2	303.2	308.2	313.2	318.2	323.2
蒸气压 p/kPa	5.946	7.973	10.559	13.852	17.985	23.18	29.544

5. 文献值

$$\Delta_{vap}H_m = 38.6kJ \cdot mol^{-1}, \quad T_{沸} = 351.54K(78.34℃)$$

六、实验注意事项

1. 减压系统不能漏气，否则抽气时达不到本实验要求的真空度。

2. 实验过程中，必须充分排净样品球内全部空气，使样品球 A 液面上空只含液体的蒸气分子。BC 管必须放置于恒温水浴中的水面以下，否则其温度与水浴温度不同。

3. 抽气的速度要合适。必须防止等压计内液体沸腾过剧，致使 U 形管内液封被抽尽。

4. 蒸气压与温度有关，所以测定过程中恒温槽的温度波动需控制在±0.1℃。

5. 实验过程中需防止 U 形管内液体倒灌入样品球内，带入空气，使实验数据偏大。

6. 测定中，打开进气阀 5 进空气时，切不可太快，以免空气倒灌入样品球 A 的空间中。如果发生倒灌，则必须重新排除空气。

7. 实验结束时，必须打开进气阀 5 将体系放空，使系统内保持常压，然后才能关闭低真空数字测量仪，关闭所有电源开关和冷却水。

七、思考题

1. 停止抽气前为什么要使真空泵与大气相通？
2. 采用静态法测量饱和蒸气压时，其 BC 管（平衡管或称等压计）的作用是什么？
3. 如何检查体系是否有漏气？
4. 静态法能否用于测定溶液的蒸气压？为什么？
5. 如何判断 BC 管、样品球 A 内空气已全部排出？如未排尽空气，对实验有何影响？
6. 升温时如液体急剧汽化，应作何处理？

实验五　液相反应平衡常数的测定

一、实验目的

1. 利用分光光度计测定低浓度下铁离子与硫氰酸根离子生成硫氰合铁配离子液相反应的平衡常数。
2. 通过实验验证热力学平衡常数与反应物的起始浓度无关。
3. 掌握分光光度计的使用。

二、实验原理

在水溶液中，Fe^{3+} 与 SCN^- 可生成一系列配离子，并共存于同一个平衡体系中，当 SCN^- 的浓度增加时，Fe^{3+} 与 SCN^- 生成的配合物的组成发生如下的改变，而这些不同配离子的溶液颜色也不同。

$$Fe^{3+} + SCN^- \longrightarrow [Fe(SCN)]^{2+} \longrightarrow [Fe(SCN)_2]^+ \longrightarrow Fe(SCN)_3 \longrightarrow$$
$$[Fe(SCN)_4]^- \longrightarrow [Fe(SCN)_5]^{2-} \longrightarrow [Fe(SCN)_6]^{3-}$$

Fe^{3+} 与浓度很低的 SCN^-（一般应小于 $5 \times 10^{-3} mol \cdot L^{-1}$）只进行如下反应。

$$Fe^{3+} + SCN^- \Longrightarrow [Fe(SCN)]^{2+} \tag{5-1}$$

即反应被控制在仅仅生成最简单的 $[Fe(SCN)]^{2+}$。其平衡常数表示为

$$K_c = \frac{[Fe(SCN)]_e^{2+}}{[Fe^{3+}]_e[SCN^-]_e} \tag{5-2}$$

在溶液浓度很低时，K_c 只与反应物的本性及温度有关。在一定温度下，改变溶液中铁离子或者硫氰酸根离子的浓度，反应达到平衡时 Fe^{3+}、SCN^- 及 $[Fe(SCN)]^{2+}$ 都发生变化，而 K_c 不改变。由于 $[Fe(SCN)]^{2+}$ 是带有颜色的，根据朗伯-比耳定律，吸光度值与溶液浓度成正比。实验室中，只要在一定温度下，借助分光光度计测定平衡体系的吸光度值，从而计算出平衡时 $[Fe(SCN)]^{2+}$ 的浓度 $[Fe(SCN)]_e^{2+}$，进而推算出平衡时 Fe^{3+} 和 SCN^- 的浓度 $[Fe^{3+}]_e$ 和 $[SCN^-]_e$。根据式(5-2) 一定温度下反应的平衡常数 K_c 可求知。

根据朗伯-比耳定律：

$$-\lg \frac{I}{I_0} = klc \tag{5-3}$$

式中，I/I_0 为透光率；k 为摩尔吸光系数；l 为被测溶液厚度（即比色皿的光径长度）；c 为溶液浓度。

令 $A=-\lg I/I_0$，$K=kl$。在光径长一定时，K 为一常数，A 为吸光度，代入式(5-3) 得：

$$A=K\cdot c \tag{5-4}$$

即被测溶液的吸光度与溶液浓度成正比。

本实验用不同 Fe^{3+} 起始浓度的反应溶液，其中第一组溶液的 Fe^{3+} 过量，当用分光光度计测定反应液在定温下吸光值 A_i 时（i 为组数），根据朗伯-比耳定律

$$A_1=K[Fe(SCN)]_{1,e}^{2+} \tag{5-5}$$

由于第一组溶液中 Fe^{3+} 过量，平衡时 SCN^- 全部与 Fe^{3+} 配合（下标 0 表示起始浓度），对第一组溶液可认为

$$[Fe(SCN)]_{1,e}^{2+}=[SCN^-]_0 \tag{5-6}$$

则

$$A_1=K[SCN^-]_0 \tag{5-7}$$

对其余组溶液

$$A_i=K[Fe(SCN)]_{i,e}^{2+} \tag{5-8}$$

两式相除并整理得

$$[Fe(SCN)]_{i,e}^{2+}=\frac{A_i}{A_1}[SCN^-]_0 \tag{5-9}$$

达到平衡时，在体系中

$$[Fe^{3+}]_{i,e}=[Fe^{3+}]_0-[Fe(SCN)]_{i,e}^{2+} \tag{5-10}$$

$$[SCN^-]_{i,e}=[SCN^-]_0-[Fe(SCN)]_{i,e}^{2+} \tag{5-11}$$

将式(5-10) 和式(5-11) 代入式(5-2)，可以计算出除第一组外各组（不同 Fe^{3+} 起始浓度）反应溶液在定温下的平衡常数 $K_{i,e}$ 值。

由于吸光物质对波长有选择性，故选择 K 值为最大的入射光波长，可以提高测定的精确度。$[Fe(SCN)]^{2+}$ 配离子的特征入射光波长为 475nm，因此本实验选择在波长为 475nm 的条件下测定溶液的吸光度。

三、仪器与试剂

722S 型分光光度计 1 台，50mL 容量瓶 8 个，100mL 烧杯（或锥形瓶）4 个，刻度移液管 10mL 2 支、5mL 1 支，25mL 移液管 1 支，镜头纸，吸球、洗瓶等。

1.0×10^{-3} mol·L^{-1} KSCN（由分析纯 KSCN 配成，用 $AgNO_3$ 容量法准确标定），0.1mol·L^{-1} $Fe(NH_4)(SO_4)_2$ [由分析纯 $Fe(NH_4)(SO_4)_2\cdot12H_2O$ 配成，并加入 HNO_3 使溶液中的 H^+ 浓度达到 0.1mol·L^{-1}，Fe^{3+} 的浓度用 EDTA 容量法准确标定]，1.0mol·L^{-1} HNO_3，1.0mol·L^{-1} KNO_3。

四、实验步骤

1. 722S 型分光光度计的使用方法见第二章第五节"一、可见分光光度计"。

2. 取 8 个 50mL 容量瓶，编号，按表 5-1 提示的内容，计算好所需 4 种溶液的用量（注意，在这 4 个容量瓶中，溶液的氢离子均为 0.15mol·L^{-1}，用 HNO_3 来调节；溶液的离子强度 I 均为 0.7，用 KNO_3 来调节）。

表 5-1 所需 4 种溶液的用量

项目		容量瓶编号			
		1	2	3	4
KSCN 溶液 $(1.0×10^{-3} mol·L^{-1})$	取样体积/mL	10	10	10	10
	实际浓度/mol·L^{-1}	$2×10^{-4}$	$2×10^{-4}$	$2×10^{-4}$	$2×10^{-4}$
Fe(NH$_4$)(SO$_4$)$_2$(0.1mol·L^{-1}, 其中含 HNO$_3$ 0.1mol·L^{-1})	所取体积/mL	25	5	1.5	1
	实际浓度/mol·L^{-1}	$5×10^{-2}$	$1×10^{-2}$	$5×10^{-3}$	$2×10^{-3}$
	含 H$^+$ 的量/mol·L^{-1}	$2.5×10^{-3}$	$5×10^{-4}$	$2.5×10^{-4}$	$1×10^{-4}$
HNO$_3$溶液（1.0mol·L^{-1}）	使反应体系 [H$^+$]=0.15mol·L^{-1}	5	7	7.25	7.4
KNO$_3$溶液（1.0mol·L^{-1}）	使反应体系 I=0.7	5	23	25.3	26.6

3. 取 4 个标记好的 50mL 容量瓶，按表 5-1 计算结果，将除 KSCN 溶液外的三种溶液分别取所需的体积按编号加入，并用蒸馏水定容至刻度（该溶液为测吸光度值时的参比液），室温下保存。

4. 再取另外 4 个标记好的 50mL 容量瓶，按表 5-1 中计算结果，将 4 种溶液分别取所需的体积按编号加入（KSCN 溶液最后加），并用蒸馏水定容至刻度（该溶液为液相反应溶液），并置于室温中。

5. 调整 722S 型分光光度计，将波长调至 475nm，分别测定 4 组反应溶液的吸光度值。每组溶液要重复测三次（更换溶液），取其平均值。

五、数据记录与处理

将所得数据填入表 5-2。

条件：恒温_____℃，[H$^+$]=0.15mol·L^{-1}，总离子强度 I=0.7，波长 λ=475nm。

表 5-2 实验数据记录表

项目	溶液编号			
	1	2	3	4
吸光值 A_i				
A_i/A_1				
$[Fe(SCN)]^{2+}_{i,e}=\dfrac{A_i}{A_1}[SCN^-]_0$				
$[Fe^{3+}]_{i,e}=[Fe^{3+}]_0-[Fe(SCN)]^{2+}_{i,e}$				
$[SCN^-]_{i,e}=[SCN^-]_0-[Fe(SCN)]^{2+}_{i,e}$				
$K_c=\dfrac{[Fe(SCN)]^{2+}_e}{[Fe^{3+}]_e[SCN^-]_e}$				
K_c				

六、思考题

1. 当 Fe^{3+}、SCN$^-$浓度较大时，能否用式(5-2) 计算出 [Fe(SCN)]$^{2+}$ 配离子生成的平衡常数？

2. 平衡常数与反应物起始浓度有无关系？

3. 测定 K_c 时，为什么要控制酸度和离子强度？

4. 测定吸光度时，为什么需要空白参比液？怎么选择空白参比液？

实验六　甲基红溶液的电离平衡常数的测定

一、实验目的

1. 掌握分光光度法测甲基红溶液电离平衡常数的方法。

2. 掌握分光光度计和酸度计的使用方法。

二、实验原理

酸式甲基红（HMR）和碱式甲基红（MR$^-$）之间存在下列平衡：

$$HMR(红) \Longrightarrow H^+ + MR^- (黄)$$

其解离平衡常数可表示为：$K = \dfrac{[H^+][MR^-]}{[HMR]}$；两边取负对数得：

$$pK = pH - lg \frac{[MR^-]}{[HMR]} \tag{6-1}$$

只要测出溶液的 pH 和浓度比 [MR$^-$]/[HMR] 即可。平衡体系的 pH 值可由酸度计直接测出来，而 MR$^-$ 与 HMR 在可见光区内均有一个强的吸收峰，故 [MR$^-$]/[HMR] 可通过分光光度法来求得。

物质对光的吸收情况要明确下列三点：①物质对光的吸收符合吸收定律（朗伯-比耳定律），其定义为 $T = \dfrac{I}{I_0}$。其中，T 为透光率两边取负对数：$-lgT = lg\dfrac{1}{T} = lg\dfrac{I_0}{I} = A$（吸光度）。$A = klc$ 称为吸收定律。式中 l 为溶液的光径长度即比色皿厚度（cm），c 为溶液的浓度（mol·L^{-1}），k 为摩尔吸光系数，是与入射光波长 λ_0、物质种类、温度有关的常数。②物质对光的吸收是有选择性的。物质对不同波长的光的吸收能力不同（A 不同），物质对某一波长的光的吸收能力强（A 较大），对另一波长的光的吸收能力弱（A 较小），以 A 对 λ_0 作图得到的曲线称吸收曲线（光谱），该曲线上 A_{max} 对应的 λ_0 称为最大吸收波长 λ_{max}。要测溶液的 A 在 λ_{max} 处最灵敏，准确度最高。③A 具有加和性。某一溶液中含有 i 种物质，则溶液的 $A = \sum A_i$。

根据 $A = klc$，要测 c_{HMR}，需在 $\lambda_{HMR,max}$（λ_A）下测 HMR 的 A_A；要测 c_{MR^-}，需在 $\lambda_{MR^-,max}$（λ_B）下测 MR$^-$ 的 A_B。

在甲基红的平衡体系中 HMR 和 MR$^-$ 均存在，分别在 λ_A 和 λ_B 两个波长下测定溶液的吸光度 A，则有：

在 λ_A 下：
$$A_A = k_{A,HMR} \cdot l \cdot [HMR] + k_{A,MR^-} \cdot l \cdot [MR^-] \tag{6-2}$$

在 λ_B 下：
$$A_B = k_{B,HMR} \cdot l \cdot [HMR] + k_{B,MR^-} \cdot l \cdot [MR^-] \tag{6-3}$$

式中，A_A 和 A_B 可直接由分光光度计读出；l 是比色皿的厚度，是已知量，只要求出 4 个摩尔吸光系数 $k_{A,HMR}$、k_{A,MR^-}、$k_{B,HMR}$、k_{B,MR^-}，便可求得 [MR$^-$]/[HMR]。k 的求

法：以 $k_{A,HMR}$ 为例，由吸收定律 $A=klc$，当波长 λ_0、物质种类、温度以及比色皿厚度确定后，kl 是一常数，$A \propto c$，可配一系列已知浓度的 HMR 溶液在 λ_A 下测溶液的 A，以 A 对 c 作图得一直线，其斜率为 kl，而 $l=1$cm 时斜率为 k。同理可求得 k_{A,MR^-}、$k_{B,HMR}$、k_{B,MR^-}。

三、仪器与试剂

722S 型分光光度计 1 台，pHS-3E 型酸度计 1 台，pH 复合电极 1 支，100mL 容量瓶（A、B 液各 1 个，1~4 号各 1 个）6 个，洗耳球 1 个，移液管 10mL 4 支，移液管 25mL 2 支，100mL 烧杯（1~4 号）4 个，擦镜纸。

甲基红储备液（0.5g 甲基红溶于 300mL95％乙醇中，用蒸馏水稀释到 500mL），标准甲基红溶液（10mL 甲基红储备液加 50mL95％乙醇，用蒸馏水稀释到 100mL），pH=6.84 的缓冲溶液 0.02mol·L^{-1} HAc，0.1mol·L^{-1} HCl，0.01 mol·L^{-1} HCl，0.01mol·L^{-1} NaAc，0.04mol·L^{-1} NaAc。

四、实验步骤

1. 测定酸式、碱式甲基红 HMR 和 MR$^-$ 的最大吸收波长 λ_A 和 λ_B

（1）配溶液 A：取 10mL 标准甲基红溶液，加 10mL 0.1mol·L^{-1} HCl，稀释至 100mL。此溶液的 pH 值大约为 2，甲基红完全以酸式形式 HMR 存在。

（2）配溶液 B：取 10mL 标准甲基红溶液，加 25mL 0.04mol·L^{-1} NaAc，稀释至 100mL。此溶液的 pH 值大约为 8，甲基红完全以碱式形式 MR$^-$ 存在。

（3）取部分 A 液和 B 液分别放在 2 个 1cm 的比色皿中，在 400~550nm 间测定相对于水的吸光度 A（使用方法见第二章第五节"一、可见分光光度计"），绘制 HMR 和 MR$^-$ 的吸收曲线，并确定 HMR 和 MR$^-$ 的最大吸收波长 λ_A 和 λ_B（参照表 6-1）。

（4）注意事项：波长每 10nm 改变一次，A、B 两液同时测定。

2. 在 λ_A 和 λ_B 下测定 4 个摩尔吸光系数 $k_{A,HMR}$、k_{A,MR^-}、$k_{B,HMR}$、k_{B,MR^-}

（1）取 A 液（HMR）参照表 6-2 用 0.01mol·L^{-1} HCl 稀释，可得 $k_{A,HMR}$、$k_{B,HMR}$。

（2）取 B 液（MR$^-$）参照表 6-3 用 0.01mol·L^{-1} NaAc 稀释，可得 k_{A,MR^-}、k_{B,MR^-}。

3. 求不同的 pH 值下 HMR 和 MR$^-$ 的相对量

（1）在 4 个 100mL 的容量瓶中各加入 10mL 标准甲基红溶液、25mL 0.04mol·L^{-1} NaAc，依次分别加入 0.02mol·L^{-1} HAc 溶液 50mL、25mL、10mL、5mL 并稀释至刻度。

（2）在 λ_A 下分别测定 4 种溶液的 A_A；在 λ_B 下分别测定 4 种溶液的 A_B；测 4 种溶液的 pH 值。

五、数据记录与处理

1. 数据记录于表 6-1～表 6-4。

表 6-1　λ_A 和 λ_B 的测定

λ/nm	400	410	420	430	440	450	460	470	480	490	500	510	520	530	540	550
A_{HMR}																
A_{MR^-}																

表 6-2　$k_{A,HMR}$ 和 $k_{B,HMR}$ 的测定

编号	1	2	3	4
A 液/mL	10	7.5	5.0	2.5
0.01mol·L^{-1} HCl/mL	0	2.5	5.0	7.5
$A_{A,HMR}$				
$A_{B,HMR}$				

表 6-3　k_{A,MR^-} 和 k_{B,MR^-} 的测定

编号	1	2	3	4
B 液/mL	10	7.5	5.0	2.5
0.01mol·L^{-1} NaAc/mL	0	2.5	5.0	7.5
A_{A,MR^-}				
A_{B,MR^-}				

表 6-4　电离平衡常数 pK 的测定

溶液编号	标准甲基红	0.04mol·L^{-1} NaAc	0.02mol·L^{-1} HAc	A_A	A_B	pH	$\dfrac{[\text{MR}^-]}{[\text{HMR}]}$	$\lg\dfrac{[\text{MR}^-]}{[\text{HMR}]}$	pK	$\overline{\text{pK}}$
1	10mL	25mL	50mL							
2	10mL	25mL	25mL							
3	10mL	25mL	10mL							
4	10mL	25mL	5mL							

2. 数据处理

（1）根据表 6-2 和表 6-3 的数据用作图法求出四个摩尔吸光系数；

（2）根据方程(6-2)和式(6-3)求出每一种溶液的 $\dfrac{[\text{MR}^-]}{[\text{HMR}]}$ 与 $\lg\dfrac{[\text{MR}^-]}{[\text{HMR}]}$；

（3）代入方程(6-1)中求得 pK。

3. 甲基红文献值：直线的相关系数 $R=0.995$，$\text{pK}=5.5\pm0.5$。

六、思考题

1. 在本实验中，温度对实验有何影响？采取什么措施可以减少影响？

2. 为什么用相对浓度？为什么可以用相对浓度？

3. 在吸光度测定中，应该怎样选择比色皿？

实验七　双液系气-液平衡相图的绘制

一、实验目的

1. 用沸点仪测定常压下环己烷-乙醇沸点时的气相与液相的组成，绘制环己烷-乙醇系统的 T-x 图，确定其恒沸物组成和恒沸温度。

2. 掌握阿贝折光仪的使用方法。

二、实验原理

1. 气-液相图

常温下,两种液态物质相互混合而形成的液态混合物,称为双液系。根据两组分间溶解度的不同,可分为完全互溶、部分互溶和完全不互溶三种情况。

液体的沸点是指液体的饱和蒸气压和外压相等时的温度。在一定的外压下,纯液体的沸点是恒定的。但对于双液系,沸点不仅与外压有关,而且还与其组成有关,并且在沸点时,平衡的气-液两相组成往往不同。在一定的外压下,表示溶液的沸点与平衡时气-液两相组成关系的相图,称为沸点-组成图(T-x 图)。完全互溶双液系的 T-x 图可分为下列三类:①混合物的沸点介于两种纯组分之间,如甲苯-苯系统,见图 7-1(a);②混合物存在着最高沸点,如盐酸-水系统,见图 7-1(b);③混合物存在着最低沸点,如正丙醇-水、环己烷-乙醇系统,见图 7-1(c)。对于后两类具有恒沸点的双液系统,它们在最高或最低沸点时,达到平衡的气相和液相的组成相同,称此混合物为恒沸混合物。若将此系统蒸馏,只能够使气相总量增加,而气-液两相的组成和沸点都保持不变,因此无法像第一类双液系统那样通过反复蒸馏的方法使两组分分离,只能采取精馏等方法分离出一种纯组分和恒沸混合物。恒沸混合物的最高温度或最低温度称为最高恒沸点或最低恒沸点,相应的组成称为恒沸物组成。

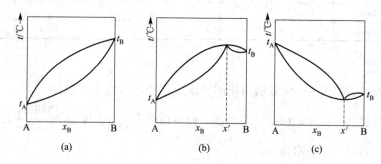

图 7-1 二组分完全互溶双液系的沸点-组成图

为了测定双液系的 T-x 图,需在气液平衡后,分别测定双液系的沸点和液相、气相的平衡组成。实验中达平衡的气相和液相的分离是通过沸点仪实现的,而各相组成的准确测定是通过阿贝折光仪测量折射率进行的。

本实验测定的环己烷-乙醇双液系相图属于具有最低恒沸点一类的体系。方法是利用沸点仪(见图 7-2)直接测定一系列不同组成混合物的气液平衡温度(沸点),并收集少量气相和液相冷凝液,分别用阿贝折光仪测定其折射率,然后根据折射率与已知浓度样品之

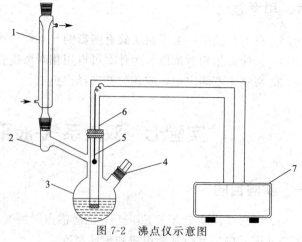

图 7-2 沸点仪示意图

1—冷凝管;2—气态收集小球 D;3—烧瓶;4—液相取样口;
5—测温热电偶;6—电热丝;7—调压控制和温度显示器

间的工作曲线，得出对应的气相、液相组成。

2. 沸点测定装置

沸点仪有不同型号，各有各的特点，但主要是用于测量沸点和分离平衡时气相和液相组成。本实验使用的沸点仪是一只带有回流冷凝管的长颈圆底蒸馏烧瓶。冷凝管底部有一凹形小槽，可收集少量冷凝的气相样品。

三、仪器与试剂

沸点测定仪 1 套，阿贝折光仪（包括恒温装置）1 套，分析天平，台秤，电吹风。
环己烷（分析纯），无水乙醇（分析纯）。

四、实验步骤

1. 工作曲线的绘制

（1）准确配制环己烷摩尔分数分别为 0.00、0.10、0.20、0.30、0.40、0.50、0.60、0.70、0.80、0.90、1.00 的环己烷-乙醇溶液各 10mL。调节超级恒温水浴温度，使阿贝折光仪的温度计读数保持在 20℃±0.1℃ 或 25℃±0.1℃，分别测定 11 个样品的折射率（为适应季节的变化，可选择适宜的温度进行测定，通常可为 25℃、30℃、35℃等）。

（2）绘制一定温度下的混合物组成-折射率工作曲线，若发现个别点偏离，重新测定。

2. 不同配比的环己烷-乙醇溶液沸点及组成的测定

按图 7-2 所示，将清洁、干燥的沸点仪安装好，加入适量液体，液面低于液相取样口 1～2cm，安装电热丝及温度传感器（注意两者不能接触，电热丝要浸没在液面下，测温热电偶顶端应处在支管之下）。接好冷凝管打开冷水，接通电源，调整控制电压旋钮。开始时电压可稍高些，使液体加热沸腾之后再调电压至合适的大小，使之保持液体微沸，并使冷凝液回流速度不要太快，1～2 秒内 1 滴为宜。溶液初沸时，沸点仪气态收集小球 D 集满液体后，可关闭加热，倾斜沸点仪，使气态收集小球 D 中的液体返回烧瓶中，反复 2～3 次后，再次加热溶液，待液体沸腾温度恒定后，读取温度，立即断电，并立即用一支干燥吸管吸取气态收集小球 D 中气相冷凝液（馏出液），迅速测定其折射率（重复测定三次，取平均值）。烧杯里装冷水放在烧瓶底部冷却瓶内的液体，当烧瓶内液体温度降至室温，用另一支干燥吸管从液相取样口吸取烧瓶内液相样品（剩余液），测定其折射率（重复测定三次，取平均值）。测定完毕将烧瓶内液体倒回收桶内。

注意：同批次折射率测量完成后，要将折射率仪的棱镜打开，用无水乙醇清洗，然后用电吹风或者洗耳球吹干，以备下批次使用。

将已经配好的环己烷摩尔分数大约为 0.00、0.05、0.15、0.30、0.45、0.55、0.65、0.80 和 0.95 的环己烷-乙醇溶液和纯的环己烷，分别按上面方法加热至溶液沸腾，记下沸点和馏出液、剩余液的折射率。测定无水乙醇、环己烷之前，沸点仪必须干燥，分别测定无水乙醇、环己烷的馏出液和剩余液的折射率和沸点，方法同上。无水乙醇、环己烷测量完成后可分别倒入专门回收桶中重复使用。

3. 阿贝折光仪的使用见第二章第五节"二、阿贝折光仪"。

五、数据记录与处理

1. 沸点温度校正

（1）在 $p^{\ominus}$ 下测得的沸点为正常沸点

通常外界压力并不等于101325Pa，因此应对实验测得值作压力校正。校正式从特鲁顿（Trouton）规则及其克劳修斯-克拉贝龙公式推导而得：

$$\Delta t_{压}/℃=\frac{(273.15+t_A/℃)}{10}\times\frac{(101325-p/\text{Pa})}{101325} \tag{7-1}$$

式中，$\Delta t_{压}$ 为由于压力不等于标准大气压101325Pa而带来的误差；t_A 为实验测得的沸点；p 为实验条件下的大气压。

（2）经校正后的体系正常沸点应为：

$$t_{沸}=t_{观}+\Delta t_{压} \tag{7-2}$$

2. 列表

记录标准溶液的折射率-组成数据填于表 7-1 中，绘制出工作曲线。

表 7-1　环己烷-乙醇标准溶液的组成-折射率

大气压：＿＿＿＿kPa，室温：＿＿＿＿℃，阿贝折光仪恒温温度：＿＿＿＿℃。

环己烷摩尔分数(x_B)		x_1	x_2	x_3	x_4	x_5	x_6	x_7	x_8	x_9	x_{10}	x_{11}
折射率	1		·									
	2											
	3											
	平均值											

3. 各样品的折射率用上述"工作曲线"确定气、液相组成，填于表 7-2 中。

表 7-2　不同组成的环己烷-乙醇溶液的折射率及沸点

大气压：＿＿＿＿Pa，室温：＿＿＿＿℃，阿贝折光仪恒温温度：＿＿＿＿℃。

序号	沸点 /℃	沸点校正 /℃	折射率 n_D								组成	
			气相冷凝液(馏出液)				液相(剩余液)				气相	液相
			1	2	3	平均值	1	2	3	平均值		
1												
2												
3												
4												
5												
6												
7												
8												
9												
10												

4. 做环己烷-乙醇体系的沸点-组成图，并由图中找出其恒沸点和恒沸组成。

六、注意事项

1. 电加热丝不能露出液面，否则通电加热会引起有机物燃烧或烧断电加热丝。恒流加热功率不宜太大，保持液相中气泡连续均匀生成的微沸状态，不能过热，气相在高出冷凝管进水口 1~2cm 为宜。

2. 液体混合物的沸点和实验时大气压力直接相关，注意实验室大气压力的数值及其变化，变化较大时需要做校正，将沸点数值校正到同一气压下再绘图。

3. 冷凝液绝大部分流回蒸馏瓶，只有少量留在冷凝管下端的气态收集小球 D 中，由于过热现象和分馏效应，最初的冷凝液不能代表气相组成，需将其倾回蒸馏瓶 2~3 次，待温度恒定 2~3min 系统达到气-液两相平衡后，方可停止加热。

4. 取样管一定要洗净、干燥，不能留有上次的残留液。取样分析后，滴管不能倒置。

5. 实验过程中，电压、冷凝水等调节好后最好不要再改变。因为系统自身有趋向平衡的能力，改变外界条件即破坏了平衡。同理，记下沸点后停止加热液体，取液相样品前，气态收集小球 D 中气相冷凝液不能倾回烧瓶（这是针对同一组实验而言，当做另一组实验时则要倾倒回烧瓶中）。

6. 测定折射率时一定要迅速，以防止由于挥发而改变其组成。

七、思考题

1. 测定系列环己烷-乙醇溶液，为什么沸点仪不需要洗净、烘干？
2. 体系平衡时，两相温度应不应该相同？实际情况如何？
3. 阿贝折光仪使用的注意事项有哪些？
4. 讨论本实验的主要误差来源。

实验八　三元水盐系相图的绘制

一、实验目的

1. 掌握三元水盐体系液固相平衡数据的测定方法。
2. 绘制出 $NaCl-NH_4Cl-H_2O$ 三元体系等温相图，掌握相图的绘制与应用。

二、实验原理

水盐系是自然界（海水、盐湖）和无机化工生产中（肥料、碱、盐）常见的反应体系。在无机盐生产中常常要将可溶性盐或原料溶解在水溶液中，或者需要将某种盐从水溶液中结晶出来。在发生溶解、结晶、混合、蒸发、冷却、分离等水盐体系的相变化过程时，首先需要了解盐类的溶解度关系。将水盐体系平衡状态下的溶解度实验数据标绘在坐标纸上而得到的图即为相图。它不仅能给出盐类的溶解或结晶顺序、名称和组成，还能进行物料量的计算，并能对工艺过程及其操作条件乃至反应器的设计提供基本要求。

根据 $NaCl$、NH_4Cl 在水中溶解度的不同，配制不同质量组成的一系列样品溶液，在恒温下搅拌一定时间后，对各饱和溶液进行分析，用所得数据在坐标纸上绘出一系列点。同时，测定与饱和溶液相平衡的固相组成，以所得数据在图上绘出的点与相应的饱和溶液点相连即得相应的直线。连接各饱和溶液即为该温度下的 $NaCl$、NH_4Cl 溶解度曲线。三元水盐体系溶解度与相图实验测定有湿固相法、合成复合体法和物理化学分析法，本实验采用湿固相法。

湿固相法以连线规则为基础，当液固相达平衡后，分别取出饱和溶液和含饱和溶液的湿固相加以分析，所得的点可连成几条不同的直线，它们的交点就是这些饱和溶液所平衡的固相点。如果交点正好落在代表一种盐的顶点，则为该盐的无水盐点；如果交点刚好落在两直角边上，则固相点为水合物；如果交点落在直角三角形的斜边上，则固相为无水复盐；交点落在三角形内任一点，固相均为水合复盐。另外，如果有两条或两条以上的相邻连线都从液相的同一点

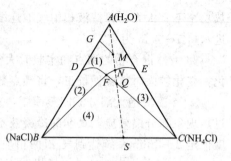

图 8-1　三元水盐体系相图示例

出发，则这液相点为两盐的共饱和点。如图 8-1 所示，在平面图上，用等边三角形来表示各组分的浓度。三个顶点分别代表纯组分 A、B 和 C。每条边代表两组分所组成的二元体系。三角形内的任意点，可称为系统点，代表三组分体系。D、E 表示 B、C 组分在水中某一温度下的溶解度。DF：B 在含有 C 的水溶液中的溶解度曲线。若向 B 的饱和溶液中加入组分 C，则 B 的溶解度沿 DF 变化。EF：C 在含有 B 的水溶液中的溶解度曲线。F：共饱和点，溶液中 B、C 同时达到了饱和。$DFEA$：不饱和溶液，单液相区。BDF：固态纯 B 与其饱和溶液的两相平衡区。CEF：固态纯 C 与其饱和溶液的两相平衡区。BFC：固态纯 B、纯 C、与组成为 F 的饱和溶液三相共存。

系统点含量的读法，如 M 点，表示 B 的含量是：过 M 点作 B 的对边 AC 的平行线，交 AB 于 G 点，则 AG 为 M 点 B 的含量。同理可读出 A、C 的含量。根据此读法可推出等含量规则：组成位于平行三角形某一边的直线上，则这一组体系所含有的由顶点（对应）所代表组分的含量相同。如：M、N 含 B 相同。向背规则：从某一混合物不断析出某个组分时，剩余物质的组成改变方向是沿着混合物组成的点和析出组分点的连线，向着背离析出组分的方向运动。比如：欲从 M 中析出 A，则系统点向远离 A 的 S 方向运动；反之，若加入 A，则会向着 MA 方向移动。举例：简单相图的蒸发过程分析。以 $NaCl$-KCl-H_2O 为例。①提浓：M—N。由向背规则，A 增加，向 S 方向移动。②N—Q：KCl 析出，过 N 点时，系统由单相区进入单固相结晶区，KCl 开始析出。液相组成则沿 NF 移动。到 Q 点时，液相达到共饱和点，KCl 析出易达到最大。③Q—S：水 A 继续减少，液相不变，NaCl、KCl 同时析出。

三、仪器与试剂

水浴恒温振荡器，酸、碱滴定管，分析天平。

氯化钠，氯化铵，氢氧化钠，硝酸银标准溶液，甲醛溶液，指示剂。

四、实验步骤

测定三元相图的溶解度要以二元系统的溶解度数据为基础。由手册查得下列温度下 $NaCl$ 与 NH_4Cl 在水中的溶解度数据，见表 8-1。

表 8-1　两种温度下 NaCl 与 NH₄Cl 的溶解度

温度/℃	溶解度/g·(100g H₂O)⁻¹	
	NaCl	NH₄Cl
10	35.8	33.3
20	36.0	37.2
30	36.3	41.4
60	37.3	55.2

欲使溶液与固相呈平衡，必须有过量的固体存在，为此，称量的 NaCl、NH₄Cl 一般比理论量过量 20％。表 8-2 为样品配料示例。

表 8-2　实验配料量示例

样品号		样品理论组成/%		理论称量/g·(50g H₂O)⁻¹		
		NaCl 占溶解度	NH₄Cl 占溶解度	NaCl	NH₄Cl	H₂O
30℃	1	100	100	12.39	12.91	50
	2	100	20	17.87	4.14	50
	3	20	100	3.57	20.68	50
60℃	1	100	100	13.10	20.37	50
	2	100	20	18.65	5.62	50
	3	20	100	3.73	27.6	50

1. NaCl 含量分析

采用莫尔法测定 Cl⁻ 的含量，用 AgNO₃ 标准溶液以 K₂CrO₄ 为指示剂直接滴定 Cl⁻。取 25mL 稀释液，以甲基红为指示剂，用 NaOH 溶液滴至溶液呈微红色，然后加入 4 滴 15％ K₂CrO₄ 指示剂，用 AgNO₃ 标准溶液滴定至有砖红色 Ag₂CrO₄ 产生。

$$w(\text{NaCl}) = \frac{(N_1 V_1 - N_2 V_2) \times 58.44 \times 10}{m_{总} \times 1000} \times 100\% \tag{8-1}$$

式中　N_1、V_1——AgNO₃ 的摩尔浓度与消耗体积，mL；

　　　N_2、V_2——NaOH 的摩尔浓度与消耗体积，mL；

　　　$m_{总}$——取样量，g。

2. NH₄Cl 含量的分析

采用甲醛法测定 NH₄⁺，用甲醛液与 NH₄Cl 反应生成 HCl，然后用 NaOH 返滴 HCl，反应式为：

$$4\text{NH}_4\text{Cl} + 6\text{HCHO} \Longrightarrow \text{C}_6\text{H}_{12}\text{N}_4 + 4\text{HCl} + 6\text{H}_2\text{O}$$
$$4\text{HCl} + 4\text{NaOH} \Longrightarrow 4\text{NaCl} + 4\text{H}_2\text{O}$$

具体操作是：取 10mL 30％甲醛置于锥形瓶中，加酚酞 2～3 滴，用 NaOH 标准溶液滴定至呈微红色，然后再取 25mL 稀释好的湿固相溶液，加 20mL 蒸馏水稀释，再用 NaOH 溶液滴定至浅红色（在 0.5～1min 内不消失）为终点。

$$m_{\text{NH}_4\text{Cl}} = 53.49 \times \frac{10}{100} \times N_2 V_2 \tag{8-2}$$

$$w(\text{NH}_4\text{Cl}) = \frac{m_{\text{NH}_4\text{Cl}}}{m_{总}} \times 100\% \tag{8-3}$$

式中，$m_{\text{NH}_4\text{Cl}}$ 为样品中 NH₄Cl 的量，g。

五、数据记录与处理

实验数据记录见表 8-3 所示。

表 8-3　三元水盐体系溶解度实验数据记录表

项目序号	配料量/g			取样时间/h	取样量/g	耗液量/mL		
	NaCl	NH₄Cl	H₂O			AgNO₃	NaOH(1)	NaOH(2)
1								
2								

根据实验数据，绘制出 $NaCl$-NH_4Cl-H_2O 三元体系等温相图。

六、思考题

1. 本实验条件下的结果与标准值有何差异，为什么？
2. 取样操作不当，会产生哪些可能情况？

实验九　差热分析

一、实验目的

1. 掌握差热分析法的基本原理和方法。
2. 用差热分析仪对 $CuSO_4 \cdot 5H_2O$ 进行差热分析，并定性解释所得的差热图谱。
3. 掌握绘制步冷曲线的实验方法。
4. 了解差热分析仪的构造，学会操作技术。

二、实验原理

1. 差热分析基本原理

差热分析是在程序控制升温下，测量物质的物理性质随温度变化函数关系的一类技术，是热分析法中主要研究方法之一。物质的热稳定性首先关注的是程序升温时物质的熔变与温度的关系。差热分析仪的工作原理如图 9-1 所示，处在加热炉内的试样和参比物在相同的条件下加热或冷却。炉温的程序控制由控制热电偶监控。测量温差的热电偶的两个结点分别与盛装试样和参比物的坩埚底部接触，或者分别直接插入试样和参比物中。温差电动势经放大后，由记录仪将 ΔE（即 ΔT）随时间 t（或温度 T）的变化记录下来，这样就可获得 ΔT-t（或 T）的曲线，即差热分析曲线。

物质在加热或冷却过程中，当达到某一温度时，往往会发生熔化、凝固、晶型转变、化合、分解、吸附、脱附等物理和化学的变化，并伴随有熔的变化，因而产生热效应，表现为该物质与参比物（在实验温度变化的整个过程中不发生相变，没有任何热效应产生的物质）之间有温差。如图 9-2 所示，当试样无相变时，它与参比物的温度相同，二者温差 ΔT 为零，在热谱图上显示水平段（ab），当试样在某温度下有放热（或吸热）效应时，试样温度上升速度加快（或减慢），就产生温度差 ΔT 了，热谱图上就会出现放热峰（efg 段）或吸热峰（bcd 段），直至过程完毕，温差消失，又复现水平段（gh 段或 de 段）。示温曲线 $b'c'e'f'$ 表示试样实际温度随时间变化的情况，其折变部分表示样品发生相变使升温速度发生了变化，直线段表示反应前后均为等速升温。

2. 影响差热分析的几个主要因素

影响差热分析结果的因素很多，有仪器和操作两个方面的因素，这里只把几个主要的因素简单讨论如下：

（1）升温速率的选择　升温速率对测定结果影响较大。一般来说速率低时，基线漂移小，可以分辨靠得近的差热峰，因而分辨力高，但测定时间长。速率高时基线漂移较显著，分辨力下降，测定时间较省。一般选择每分钟 $2 \sim 20℃$。

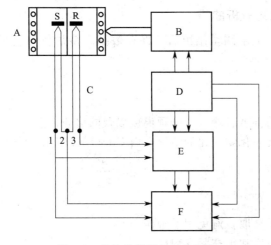

图 9-1　差热分析仪的工作原理

A—电炉；B—温度程序控制；C—热电偶；

D—稳压电源；E—差热放大；F—记录仪

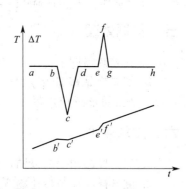

图 9-2　示温差热曲线

（2）气氛及压力的选择　有些物质在空气中易被氧化，所以选择适当的气氛及压力也是使测定得到好的结果的一个方面。

（3）参比物的选择　作为参比物的材料必须具备的条件是在测定温度范围内，保持热稳定，一般用 $\alpha\text{-Al}_2\text{O}_3$、$MgO$、$SiO_2$ 及金属镍等。

（4）样品处理　样品粒度大约 200 目，颗粒小可以改善导热条件，但太细可能破坏晶格或分解。样品用量与热效应大小及峰间距有关，一般为几毫克。

三、仪器与试剂

DZ3339 热重分析 1 台，分析天平 1 台，坩埚若干，镊子 2 只，洗耳球 1 只。

$\alpha\text{-Al}_2\text{O}_3$（分析纯），$CuSO_4 \cdot 5H_2O$（分析纯，100～120 目）。

四、实验步骤

1. DZ3339 热重分析仪的使用方法见第二章第二节"一、热分析测量技术"。

2. 开机

打开热重分析仪主机，调整保护气和吹扫气体输出压力及流速并待其稳定。通常使用 N_2 作为保护气和吹扫气。一般开机 4 小时后可以进行样品测试。

3. 样品制备

将固体样品研磨成粉末状，在坩埚中称取质量约 10mg 的样品，确保样品在坩埚中均匀分布紧贴坩埚底部，减少测试中样品的温度梯度。将样品坩埚放在仪器中的样品位置（右侧），同时在参比位（左侧）放置另一个坩埚，内含质量近似相等的参比物 $\alpha\text{-Al}_2\text{O}_3$（对于 DSC 测量也可放置一空坩埚）。

4. 设定温度程序和仪器参数

根据测试体系选择设定载气流量、程序控温起始温度（一般比仪器炉体温度高出 2～3℃）、控温程序及升温速率、测试结束温度。注意，控温程序中，温度的最高值要低于仪器允许的最高操作温度 10℃。

5. 开始运行温度控制程序，记录热分析曲线

运行温度程序，记录热分析曲线。记录测量结束后，保存数据。待炉体温度降至室温后，取出样品，关闭仪器。

五、数据处理

1. 在差热谱图上标出对应峰的开始温度、峰谷或峰顶温度以及峰终止温度。

2. 解释样品在加热过程中发生物理、化学变化的情况，由 $CuSO_4 \cdot 5H_2O$ 的热谱图说明各峰代表的可能反应，写出反应方程式。

六、注意事项

1. 保持样品坩埚的清洁，使用镊子夹取，避免用手触碰。

2. 测试样品应与参比物有相似的粒度和填充紧密程度。

3. 小心不要触动损坏和污染样品杆或支架。

七、思考题

1. 差热分析中基准物起什么作用？对基准物应有什么要求？

2. 如何辨明反应是吸热还是放热？为什么加热过程中即使试样未发生变化，差热曲线仍会出现较大的漂移？

3. 为什么要控制升温速度？升温过快或过慢有何后果？

4. 影响差热分析结果的主要因素有哪些？

实验十　沸点升高法测定物质的摩尔质量

一、实验目的

1. 了解沸点升高法测定非挥发性溶质摩尔质量的方法和原理。

2. 掌握苯甲酸乙醇溶液沸点的测定方法。

3. 掌握沸点仪的使用方法。

二、实验原理

沸点是指液体的蒸气压等于外压时的温度。根据拉乌尔定律，在定温时当溶液中含有不挥发性溶质时，溶液的蒸气压总是比纯溶剂低，所以溶液的沸点比纯溶剂高。沸点升高是稀溶液依数性的一种表现。如果已知溶剂的沸点升高常数 K_b，并测得此溶液的沸点升高值 ΔT_b，以及溶剂和溶质的质量 m_A、m_B，则溶质的摩尔质量由下式求得：

$$M_B = K_b \frac{m_B}{\Delta T_b \cdot m_A} \times 10^3 \tag{10-1}$$

式中，$\Delta T_b = T_{溶液} - T_{溶剂}$。

三、仪器与试剂

沸点测定仪，50mL 移液管 1 支，分析天平 1 台。

无水乙醇（分析纯），苯甲酸（分析纯）。

四、实验步骤

1. 安装沸点仪

如图 10-1 所示，将已洗净、干燥的沸点仪安装好。检查带有温差计的软木塞是否塞紧。电热丝要靠近烧瓶底部的中心。测温传感器顶端应处在支管之下，接好冷凝管，打开冷水，接通电源，调整控制电压旋钮。

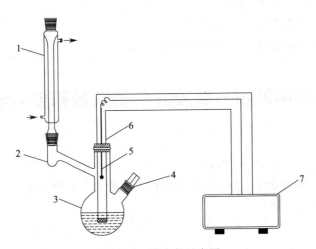

图 10-1　沸点仪示意图

1—冷凝管；2—气态收集小球 D；3—烧瓶；4—液相取样口；
5—测温热电偶；6—电热丝；7—调压控制和温度显示器

2. 沸点的测定

（1）乙醇沸点的测定

用移液管移取无水乙醇 50mL 加入沸点仪中，电热丝要浸入液面下，打开冷却水，接通电源。用调压控制器由零开始逐渐加大电压，使溶液缓慢加热。液体沸腾，温度显示稳定后读数，然后切断电源，让液体冷却至室温。

（2）苯甲酸乙醇溶液沸点的测定

将沸点仪中的乙醇冷却至室温后，用分析天平称取约 2.4g 苯甲酸加入，按照乙醇沸点的测定方法测定溶液的沸点。再按照此法分两次加入（每次用分析天平称取约 2.4g）苯甲酸，测定溶液沸点，得到三个不同浓度溶液的沸点。

五、数据处理

苯甲酸质量	0	m_1	$m_1 + m_2$	$m_1 + m_2 + m_3$
T				
$m_{苯甲酸}/g$				
$M_{苯甲酸}/g \cdot mol^{-1}$				
$\overline{M}_{苯甲酸}$				

1. 根据式(10-1) 和 $\Delta T_b = T_{溶液} - T_{溶剂}$，由 3 个不同浓度溶液的沸点和无水乙醇的沸

点计算出三个 ΔT_b，得到三个 $M_{苯甲酸}$，取平均值。

2. 根据 $M_{苯甲酸}$ 理论值，求出相对误差。

$$相对误差=\frac{实验值-理论值}{理论值}\times 100\%$$

提示：20℃时乙醇的密度 $\rho_{乙醇}=0.7893\text{g}\cdot\text{cm}^{-3}$，沸点升高常数 $K_b=1.19\text{K}\cdot\text{mol}^{-1}\cdot\text{kg}$。

六、注意事项

1. 电热丝一定要浸没在液体里。
2. 测温热电偶不要碰到烧瓶和电热丝。
3. 加热时，电压要由小到大，使液体缓慢升温。

实验十一 氨基甲酸铵分解反应平衡常数和热力学函数的测定

一、实验目的

1. 测定氨基甲酸铵的分解压力，求反应的标准平衡常数和有关热力学函数。
2. 了解空气恒温箱的结构。

二、实验原理

氨基甲酸铵是合成尿素的中间产物，为白色不稳定固体，受热易分解，其分解反应为

$$\text{NH}_2\text{COONH}_4(\text{s})\Longleftrightarrow 2\text{NH}_3(\text{g})+\text{CO}_2(\text{g})$$

该多相反应是容易达成平衡的可逆反应，体系压力不大时，气体可看作为理想气体，则上述反应式的标准平衡常数可表示为

$$K^{\ominus}=\left(\frac{p_{\text{NH}_3}}{p^{\ominus}}\right)^2\left(\frac{p_{\text{CO}_2}}{p^{\ominus}}\right) \tag{11-1}$$

式中，p_{NH_3} 和 p_{CO_2} 分别表示在实验温度下 NH_3 和 CO_2 的平衡分压。又因氨基甲酸铵固体的蒸气压可以忽略，设反应体系达平衡时的总压为 p，则有

$$p_{\text{NH}_3}=\frac{2}{3}p,\ p_{\text{CO}_2}=\frac{1}{3}p$$

代入式(11-1) 可得

$$K^{\ominus}=\frac{4}{27}\left(\frac{p}{p^{\ominus}}\right)^3 \tag{11-2}$$

实验测得一定温度下反应体系的平衡总压 p，即可按式(11-2) 算出该温度下的标准平衡常数 $K^{\ominus}$。

由范特霍夫等压方程式可得

$$\frac{\text{d}\ln K^{\ominus}}{\text{d}T}=\frac{\Delta_r H_m^{\ominus}}{RT^2} \tag{11-3}$$

式中，$\Delta_r H_m^{\ominus}$ 为该反应的标准摩尔反应热；R 为摩尔气体常数。当温度变化范围不大时，可将 $\Delta_r H_m^{\ominus}$ 视为常数，对式(11-3) 求积分得

$$\ln K^{\ominus} = \frac{-\Delta_{\mathrm{r}} H_{\mathrm{m}}^{\ominus}}{RT} + C \tag{11-4}$$

通过测定不同温度下分解平衡总压 p，则可得对应温度下的 $K^{\ominus}$ 值，再以 $\ln K^{\ominus}$ 对 $\frac{1}{T}$ 作图，通过直线关系可求得实验温度范围内的 $\Delta_{\mathrm{r}} H_{\mathrm{m}}^{\ominus}$。本实验的关系为 $\ln K^{\ominus} = \dfrac{-1.894 \times 10^4}{T/\mathrm{K}} + 55.18$，由某温度下的 $K^{\ominus}$ 可以求算该温度下的标准摩尔吉布斯自由能变 $\Delta_{\mathrm{r}} G_{\mathrm{m}}^{\ominus}$。

$$\Delta_{\mathrm{r}} G_{\mathrm{m}}^{\ominus} = -RT \ln K^{\ominus} \tag{11-5}$$

由

$$\Delta_{\mathrm{r}} G_{\mathrm{m}}^{\ominus} = \Delta_{\mathrm{r}} H_{\mathrm{m}}^{\ominus} - T \Delta_{\mathrm{r}} S_{\mathrm{m}}^{\ominus} \tag{11-6}$$

可求算出标准摩尔反应熵变 $\Delta_{\mathrm{r}} S_{\mathrm{m}}^{\ominus}$

$$\Delta_{\mathrm{r}} S_{\mathrm{m}}^{\ominus} = \frac{\Delta_{\mathrm{r}} H_{\mathrm{m}}^{\ominus} - \Delta_{\mathrm{r}} G_{\mathrm{m}}^{\ominus}}{T} \tag{11-7}$$

三、仪器与试剂

实验装置主要由空气恒温箱（图 11-1 中虚线框 8）、样品瓶、数字式低真空测压仪、等压计、真空泵、干燥塔等组成，实验装置示意图如图 11-1 所示。

氨基甲酸铵（自制固体粉末），硅油。

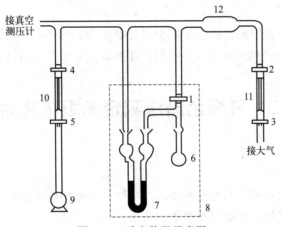

图 11-1　反应装置示意图

1～5—真空活塞；6—样品瓶；7—U 形等压计；8—空气恒温箱；9—真空泵；10，11—毛细管；12—缓冲管

四、实验步骤

1. 按实验装置图连接好装置，并在样品瓶 6 中装入少量的氨基甲酸铵粉末。

2. 打开活塞 1、4、5，关闭其余所有活塞。打开机械真空泵，使系统逐步抽真空。待观察到真空测压计上读数不变或变化微小后，关闭活塞 4 和 5。

3. 调节空气恒温箱温度为 25℃。

4. 缓慢关闭活塞 1，随着氨基甲酸铵的分解，U 形等压计中的硅油液面出现压差，反复调节活塞 2、3 或 4、5，使 U 形等压计两侧液面相等，且不随时间而变化，由温度计读取反应体系的温度、由数字式低真空测压仪读取体系的平衡压差 Δp_t。

5. 将空气恒温箱分别调到 30℃、35℃、40℃，如上操作，获得不同温度下分解反应达平衡后体系的压差。

6. 实验结束后，保持所有活塞处于关闭状态后，先打开活塞 2、3，再关闭真空泵。

五、数据处理

1. 求出不同温度下系统的平衡总压 $p = p_{大气} - \Delta p_t$，并与经验式计算结果相比较：

$$\ln p = -\frac{6.314 \times 10^3}{T} + 30.55 \text{（式中单位为 Pa）}；$$

2. 计算各分解温度下 $K^{\ominus}$ 和 $\Delta_r G_m^{\ominus}$。

3. 以 $\ln K^{\ominus}$ 对 $1/T$ 作图，求得标准摩尔反应焓变 $\Delta_r H_m^{\ominus}$ 和标准摩尔反应熵变 $\Delta_r S_m^{\ominus}$。

六、注意事项

1. 由于氨基甲酸铵易吸水，故在制备与保存时使用的容器都应保持干燥。若吸水，则生成 $(NH_4)_2CO_3$ 和 NH_4HCO_3，给实验带来误差。

2. 本实验装置可以用来测定液体的饱和蒸气压。

3. 氨基甲酸铵易分解，需在实验前制备。制备方法是：在通风橱内将钢瓶中的氨与二氧化碳在常温下同时通入一塑料袋中，一定时间后在塑料袋内壁上附着氨基甲酸铵的白色结晶。

七、思考题

1. 在一定温度下氨基甲酸铵的用量多少对分解压力的测量有何影响？

2. 装置中毛细管 10 与 11 各起什么作用？在抽真空时为何要将活塞 1 打开？

实验十二　气相色谱法测定无限稀释活度系数

一、实验目的

1. 用气相色谱法测定苯和环己烷在邻苯二甲酸二壬酯中的无限稀释活度系数。

2. 熟悉气相色谱仪的工作原理和基本构造。

二、实验原理

用经典方法测定气液平衡数据需消耗较多人力和物力。如果有无限稀释活度系数，则可确定活度系数关联式中的常数，进而可推算出全组成范围内的活度系数。采用气相色谱法测定无限稀释溶液活度系数样品用量少，测定速度快，将一般色谱仪稍加改装即可使用。这一方法不仅能测定易挥发溶质在难挥发溶剂中的无限稀释活度系数，而且已扩展到测定挥发性溶剂中的无限稀释活度系数。

气相色谱法是一种新型的分离技术，它主要利用物质的沸点、极性及吸附性质的差异来实现混合物的分离。待分析样品在气化室气化后被惰性气体（即载气，也叫流动相）带入色谱柱，柱内含有液体或固体固定相，由于样品中各组分的沸点、极性或吸附性能不同，每种组分都倾向于在流动相和固定相之间形成分配或吸附平衡。由于载气的流动，使样品组分在运动中进行反复多次的分配或吸附/解吸附，不同组分在固定相中的滞留时间有长有短，从而按先后顺序从固定相中流出。当组分流出色谱柱后，立即进入检测器。检测器能够将样品组分含量信息转变为电信号，而电信号的大小与被测组分的量或浓度成正比。当将这些信号放大并记录下来时，就是气相色谱图，如图 12-1 所示，本实验用邻苯二甲酸二壬酯固定液涂在填料上。

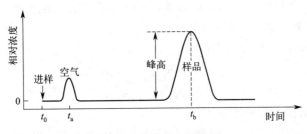

图 12-1　色谱流出曲线图

色谱图中溶质在色谱柱中的保留时间 t，

$$t = t_b - t_0 \tag{12-1}$$

式中，t_b 为样品出峰时间，t_0 为进样时间。

校正保留时间 t_i 为：

$$t_i = t_b - t_a \tag{12-2}$$

式中，t_a 为随样品带入空气的出峰时间。

气相组分 i 的校正保留体积 V_i 为：

$$V_i = t_i \cdot F \tag{12-3}$$

式中，F 为校正到柱温柱压下的载气平均流速。

校正保留体积与液相体积的关系为：

$$V_i = K \cdot V_1 \tag{12-4}$$

式中，V_1 为液相体积，由于向载气中加入的溶质的量很少，其溶解于固定液中的浓度可看成是无限稀，溶质在气液两相中达到平衡时，在固定液中的浓度和在载气中的浓度之间的比值称为分配系数 K：

$$K = \frac{c_i^l}{c_i^g} \tag{12-5}$$

式中，K 为分配系数；c_i^l 为溶质在液相中的浓度；c_i^g 为溶质在气相中的浓度。

由式(12-4) 和式(12-5) 可得：

$$\frac{c_i^l}{c_i^g} = \frac{V_i}{V_1} \tag{12-6}$$

设气相符合理想气体，则

$$c_i^g = \frac{p_i}{RT_c} \tag{12-7}$$

当色谱柱中进样量很少时，相对于大量固定液而言，基本符合无限稀条件。因而

$$c_i^l = \frac{\rho_1 x_i}{M_m^l} \tag{12-8}$$

式中，ρ_1 为液相密度；M_m^l 为液相摩尔质量；x_i 为组分 i 的摩尔分数；p_i 为组分 i 的

分压，T_c 为柱温。

在气相色谱中，载体对溶质的作用不计，固定液与溶质之间有气液溶解平衡关系。

把气体（载气和少量溶质）看成是理想气体，又由于溶质的量很少（只有 $4\sim5\mu L$），可以认为吸附平衡时，被吸附的溶质 i 分子处于固定液的包围之中，所以有：

$$p_i = p_i^\circ \gamma_i^\infty x_i \tag{12-9}$$

式中　p_i 为溶质 i 在气相中的分压；p_i° 为溶质 i 在柱温 T 时的饱和蒸气压；γ_i^∞ 为溶质 i 在固定液中二元无限稀释溶液的活度系数。

将式(12-7)～式(12-9)代入式(12-6)中，得

$$V_i = \frac{V_1\rho_1 RT_c}{M_m^1 p_i^\circ \gamma_i^\infty} = \frac{m_1 RT_c}{M_m^1 p_i^\circ \gamma_i^\infty} \tag{12-10}$$

式中，m_1 为色谱柱中液相质量。

还需要对柱后流速进行压力、温度和扣除水蒸气压的校正，才能计算出载气平均流速。

$$\overline{F} = \frac{3}{2} \times \left[\frac{\left(\frac{p_b}{p_0}\right)^2 - 1}{\left(\frac{p_b}{p_0}\right)^3 - 1} \right] \left(\frac{p_0 - p_W}{p_0} \times \frac{T_c}{T_a} \times F \right) \tag{12-11}$$

式中，p_b 为柱前压强；p_0 为柱后压强；p_W 为在 T_c 时水的蒸气压；T_a 为环境温度（通常为室温）；T_c 为柱温；F 为载气柱后流量。

将式(12-3)、式(12-11)代入式(12-10)，得

$$\gamma_i^\infty = \frac{m_1 RT_c}{M_m^1 p_i^\circ \overline{F} t_i} \tag{12-12}$$

实验中只要把准确称量的溶剂作为固定液涂在载体上，装入色谱柱中，用被测溶质进样，测得式(12-12)右端各个参数，即可计算溶质在溶剂中的活度系数。

三、仪器与试剂

气相色谱仪 1 台，氢气钢瓶 1 个，气体净化器 1 套，微量进样器 1 个，色谱柱 2m。

邻苯二甲酸二壬酯（色谱纯），101 白色载体（40～60 目），丙酮（色谱纯），苯（色谱纯），环己烷（色谱纯）。

四、实验流程

本实验流程如图 12-2 所示。

五、实验步骤

1. 色谱柱的准备

准确称取一定量的邻苯二甲酸二壬酯（固定液）于蒸发皿中，并加适量丙酮以稀释固定液。按固定液与 101 白色载体之比为 25∶100 来称取白色载体，将固定液均匀地涂在载体上，然后用红外灯缓慢加热，使丙酮完全挥发。再次称量，确定丙酮是否蒸发完全。将涂好的固定相装入色谱柱中，柱内径 4mm，长 2m，并准确计算装入柱内固定相的质量。制备好的色谱柱 130℃通载气老化 4 小时，操作过程禁止明火，实验室应通风良好。

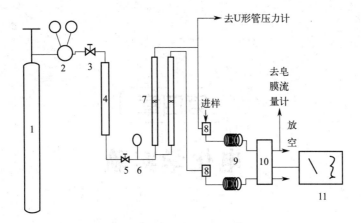

图 12-2 色谱法测无限稀释溶液活度系数实验流程图

1—氢气钢瓶；2—减压阀；3—控制阀；4—净化干燥器；5—稳压阀；6—压力表；

7—流量计；8—汽化器；9—色谱柱；10—检测器；11—色谱工作站

2. 开启色谱仪

色谱条件为：柱温 40℃，气化温度 160℃，检测器温度 80℃，载气氢气流量为 80mL·min^{-1}（用皂膜流量计测定，取实验前后的平均值），桥电流 150mA，衰减 1，用标准压力表测量柱前压。

3. 测量

待色谱仪基线稳定后，用 10μL 注射器准确取苯 0.2μL，再吸入 5μL 空气，然后进样。测定空气峰最大值至苯峰最大值之间的时间 t_i。再分别量取 0.4μL、0.6μL、0.8μL 苯，重复上述实验。每种进样至少重复三次，取平均值。

4. 用环己烷进样，重复步骤 3 操作，重复三次。

5. 可改变柱温进行实验（温度可选为 40℃、45℃、50℃、55℃）。

六、数据处理

记录实验结果。根据不同进样量时苯和环己烷的校正保留时间，用作图法分别求出苯和环己烷进样量趋近于零时的校正保留时间。根据此校正保留时间，分别计算出苯和环己烷在邻苯二甲酸二壬酯中的无限稀释活度系数，并与文献值比较（$\gamma_{i,环己烷(30℃)}^{\infty} = 1.203$）。

七、思考题

1. 如果溶剂也是易挥发物质，本法是否适用？

2. 苯和环己烷分别与邻苯二甲酸二壬酯所组成的溶液，对拉乌尔定律是正偏差还是负偏差。

3. 影响结果准确度的因素有哪些？

第四章

电化学实验

实验十三　电导法测定醋酸电离平衡常数

一、实验目的

1. 掌握溶液电导、电导率、摩尔电导率等基本概念。
2. 测定醋酸的电离平衡常数。
3. 掌握电导率仪的使用方法。

二、实验原理

导体可分为两类：一类是金属导体，它的导电性是自由电子定向运动的结果；另一类则是电解质导体，如酸、碱、盐等电解质溶液，其导电性则是离子定向运动的结果。对于金属导体，其导电能力的大小通常以电阻 R 表示，而对于电解质溶液的导电能力则常以电导 G 表示。溶液本身的电阻 R 和电导 G 的关系为：

$$G = \frac{1}{R} \tag{13-1}$$

电导的单位为西门子，用 S 表示。导体的电阻 R 与其长度 l 成正比，而与其截面积 A 成反比：

$$R = \rho \frac{l}{A} \tag{13-2}$$

令 $\kappa = \frac{1}{\rho}$ 可得：

$$R = \frac{1}{\kappa} \times \frac{l}{A} \tag{13-3}$$

$$\kappa = \frac{l}{A} \times \frac{1}{R} = K_{cell} \cdot G \tag{13-4}$$

式中，K_{cell}（即 l/A）为电导池常数；G 为溶液的电导，S；ρ 为电阻率；κ 为电导率，对溶液来说，它表示电极面积为 $1m^2$，两极距离为 $1m$ 时溶液的电导，单位为 $S \cdot m^{-1}$。

溶液的摩尔电导率是指把含有 $1mol$ 电解质的溶液置于相距为 $1m$ 的两平行电极之间的

电导，以 Λ_m 表示，其单位为 $S \cdot m^2 \cdot mol^{-1}$。

摩尔电导率与电导率的关系：

$$\Lambda_m = \frac{\kappa}{c} \tag{13-5}$$

式中，c 为该溶液的浓度，其单位为 $mol \cdot m^{-3}$。

Λ_m 随溶液浓度而改变，溶液越稀 Λ_m 越大。因为当溶液无限稀释时，电解质分子全部电离，此时，摩尔电导率最大，这一最大值称为极限摩尔电导率，以 Λ_m^∞ 表示。弱电解质溶液 Λ_m 与 Λ_m^∞ 之比象征着电解质的电离程度，称为电离度，以 α 表示，即

$$\alpha = \frac{\Lambda_m}{\Lambda_m^\infty} \tag{13-6}$$

对于强电解质溶液（如 KCl、NaAc），在浓度极稀时，强电解质的 Λ_m 和 $\sqrt{c}$ 的关系几乎呈线性关系：

$$\Lambda_m = \Lambda_m^\infty - A\sqrt{c} \tag{13-7}$$

式中，A 为常数。

对于弱电解质（如 HAc 等），Λ_m 和 $\sqrt{c}$ 则不是线性关系，故它不能像强电解质溶液那样，从 Λ_m-$\sqrt{c}$ 的图外推至 $c \to 0$ 处求得 Λ_m^∞。但在无限稀释的溶液中，每种离子对电解质的摩尔电导率都有一定的贡献，是独立移动的，不受其他离子的影响，对电解质 $M_{\nu_+} A_{\nu_-}$ 来说，即 $\Lambda_m^\infty = \nu_+ \Lambda_{m,+}^\infty + \nu_- \Lambda_{m,-}^\infty$。

醋酸的 Λ_m^∞ 可由下式计算：

$$\Lambda_m^\infty(HAc) = \Lambda_m^\infty(H^+) + \Lambda_m^\infty(Ac^-) \tag{13-8}$$

$$\Lambda_m^\infty(H^+, T) = \Lambda_m^\infty(H^+, 298.15K)[1 + 0.042(t - 25℃)] \tag{13-9}$$

$$\Lambda_m^\infty(Ac^-, T) = \Lambda_m^\infty(Ac^-, 298.15K)[1 + 0.02(t - 25℃)] \tag{13-10}$$

$$\Lambda_m^\infty(H^+, 25℃) = 349.82 \times 10^{-4} S \cdot m^2 \cdot mol^{-1} \tag{13-11}$$

$$\Lambda_m^\infty(Ac^-, 25℃) = 40.90 \times 10^{-4} S \cdot m^2 \cdot mol^{-1} \tag{13-12}$$

式中，t 为体系的摄氏温度；T 为热力学温度

醋酸在水溶液中呈下列平衡：

$$HAc \Longrightarrow H^+ + Ac^-$$
$$c(1-\alpha) \quad c\alpha \quad c\alpha$$

式中，c 为醋酸浓度；α 为电离度，则电离平衡常数 K_c 为：

$$K_c = \frac{c\alpha^2}{1-\alpha} \tag{13-13}$$

一定温度下，K_c 为常数，通过测定不同浓度下的电离度就可求得平衡常数 K_c 值。

对弱电解质：

$$K_c = \frac{c\Lambda_m^2}{\Lambda_m^\infty(\Lambda_m^\infty - \Lambda_m)} \tag{13-14}$$

在实验中如能测得不同浓度 c 时的电导率，再由电导率求出摩尔电导率，根据式(13-8)~式(13-10)求出 Λ_m^∞，根据式(13-14) 计算弱电解质的电离平衡常数。

三、仪器与试剂

电导率仪 1 台，恒温槽 1 套，叉形电导池 1 支，电导电极 1 支，100mL 容量瓶 5 个，25mL、50mL 移液管各 1 支，洗瓶 1 只，洗耳球 1 只。

$0.1mol \cdot L^{-1}$ 醋酸溶液，$0.01mol \cdot L^{-1}$ KCl 标准溶液，去离子水。

四、实验步骤

1. 电导率仪的使用见第二章第四节"一、电导和电导率"。

2. 将恒温槽温度调至 $25.0℃ \pm 0.1℃$。

3. 测量 $25.0℃ \pm 0.1℃$ 去离子水的电导率。

4. 测定不同浓度 HAc 溶液的电导率。

将 $0.1mol \cdot L^{-1}$ 醋酸溶液用去离子水分别稀释成浓度为 $0.05mol \cdot L^{-1}$、$0.025mol \cdot L^{-1}$、$0.0125mol \cdot L^{-1}$ 的溶液备用。

实验用铂黑电极，用去离子水冲洗干净，再用 $0.1mol \cdot L^{-1}$ 醋酸溶液洗 3 次。用移液管移取 $25mL$ $0.1mol \cdot L^{-1}$ 醋酸溶液注入叉形电导池（移液管应先用 $0.1mol \cdot L^{-1}$ 醋酸洗 2 次），叉形电导池浸入恒温槽，放入电极，保持液面超过电极 $1 \sim 2cm$，恒温 $5 \sim 10min$，然后测其电导率，重复测定三次。

按同样方法依次从低浓度到高浓度测定 $0.0125mol \cdot L^{-1}$、$0.025mol \cdot L^{-1}$、$0.05mol \cdot L^{-1}$ 醋酸溶液的电导率。

实验完毕，倒出醋酸溶液，洗净所有用过的玻璃仪器，关闭仪器开关，整理好仪器。

五、数据记录和处理

1. 醋酸溶液的电离平衡常数（表 13-1）。

表 13-1　醋酸溶液的电离平衡常数测定数据

室温：_____℃，大气压：_____Pa，电导池常数 K_{cell}/m^{-1}：_____。

$CH_3COOH/mol \cdot L^{-1}$	次数	电导率(κ)/S·m^{-1}	摩尔电导率(Λ_m)/S·m^2·mol^{-1}	电离度 α	电离平衡常数 K_c
0.1	1				
	2				
	3				
0.05	1				
	2				
	3				
0.025	1				
	2				
	3				
0.0125	1				
	2				
	3				
K_c 平均					

(1) 已知醋酸溶液在 298K 无限稀释时的摩尔电导率 $\Lambda_m^{\infty} = 0.039S \cdot m^2 \cdot mol^{-1}$，计算在不同浓度时的电离度 α。

(2) 计算各个醋酸浓度时的电离平衡常数 K_c，取其平均值，并与文献值比较，计算其相对误差。

2. 结果要求及文献值

（1）结果要求：298.2K 时醋酸电离平衡常数 K_c 应在 $1.7×10^{-5}$~$1.8×10^{-5}$ 范围内。

（2）文献值见表 13-2

表 13-2　不同温度时醋酸的电离平衡常数

温度/K	278.2	288.2	298.2	308.2	323.2
$K_c/10^{-5}$	1.698	1.746	1.754	1.730	1.630

六、注意事项

1. 溶液的电导率对溶液的浓度很敏感，在测定前，一定要用被测溶液多次荡洗叉形电导池和电极，以保证被测溶液的浓度与容量瓶中溶液的浓度一致。

2. 温度对电导的影响较大，所以在整个实验过程中必须保证在同一温度下进行，恒温槽温度控制尤其重要，并保证换溶液后恒温足够长时间后再进行测定。

3. 本实验的核心是电极，由于铂黑玻璃电极极易损坏，在实验中，尤其是在冲洗时注意不要碰损铂黑或电极其他部位，用毕及时将电极洗净。

七、思考题

1. DDS-307 型电导率仪使用的是直流电源还是交流电源？

2. 将实验测定的 K_c 值与文献值比较，分析误差的主要来源。

实验十四　强电解质极限摩尔电导率的测定

一、实验目的

1. 掌握用电导率仪测定氢氧化钠溶液的摩尔电导率方法，并作图外推求其极限摩尔电导率。

2. 掌握电导率仪的使用方法。

二、实验原理

把含 $1mol·L^{-1}$ 电解质的溶液置于相距为 1cm 的两个电极之间，该溶液所具有的电导称为摩尔电导率，以 Λ_m 表示，如溶液的物质的量浓度以 c 表示，单位为 $mol·m^{-3}$，则摩尔电导率可表示为

$$\Lambda_m = \frac{\kappa}{c} \tag{14-1}$$

当溶液浓度降低，溶液中离子的相互作用力降低，所以摩尔电导率逐渐增大。根据科尔劳施定律得出强电解质稀溶液（小于 $0.01mol·L^{-1}$）的摩尔电导率 Λ_m 与浓度 c 有如下关系：

$$\Lambda_m = \Lambda_m^\infty - A\sqrt{c} \tag{14-2}$$

式中，A 为常数；Λ_m^∞ 为无限稀溶液的摩尔电导率，称为极限摩尔电导率。

当溶液无限稀时，离子可以独立移动，不受其他离子的影响，每一种离子对电解质的摩尔电导率都有一定的贡献，则此时溶液的极限摩尔电导率可作为独立的正、负离子的极限摩尔电导率之和。

$$\Lambda_m^\infty = \nu_+ \Lambda_{m,+}^\infty + \nu_- \Lambda_{m,-}^\infty \tag{14-3}$$

式中，ν_+、ν_- 分别表示阳、阴离子的化学计量数。

本实验用电导率仪测定不同浓度的 NaOH 溶液的电导率，求出相应的摩尔电导率，再做图 Λ_m-$\sqrt{c}$，外推至 $c \to 0$，由截距求得 Λ_m^∞。

三、仪器与试剂

DDS-307 型电导率仪，玻璃恒温水浴，DJS-1 型光亮铂电极，DJS-1 型铂黑电极，DJS-10 型铂黑电极，叉形电导池 2 个，100 mL 容量瓶 5 个，50 mL 移液管 1 支，10 mL 移液管 3 支。

$0.01 mol \cdot L^{-1}$ KCl 标准溶液，$0.02 mol \cdot L^{-1}$ NaOH 溶液（现配），去离子水。

四、操作步骤

1. DDS-307 型电导率仪的使用见第二章第四节"一、电导和电导率"。

2. 将 $0.02 mol \cdot L^{-1}$ NaOH 溶液配制成 $0.01 mol \cdot L^{-1}$、$0.005 mol \cdot L^{-1}$、$0.001 mol \cdot L^{-1}$、$0.0005 mol \cdot L^{-1}$、$0.0001 mol \cdot L^{-1}$ NaOH 溶液。

3. 调试电导率仪，进行仪器校正。

4. 调节恒温槽的温度在 $25.0℃ \pm 0.1℃$，在叉形电导池中加入 $20 mL$ $0.01 mol \cdot L^{-1}$ KCl 标准溶液，插入电极后置于恒温槽中恒温 5~10min，测定电导池常数 K_{cell}。

5. 用少量的被测溶液洗涤电导池和铂电极三次，测量该溶液的电导率，重复测定三次，取其平均值。

6. 如果继续测第二个溶液时，同样用第二个溶液洗涤叉形电导池和电极三次，但绝不要用蒸馏水洗涤。顺次测定 $0.0001 mol \cdot L^{-1}$、$0.0005 mol \cdot L^{-1}$、$0.001 mol \cdot L^{-1}$、$0.005 mol \cdot L^{-1}$、$0.01 mol \cdot L^{-1}$ NaOH 溶液的电导，每种溶液测量三次，测量前每种溶液必须在恒温槽中恒温 5~10min。

五、数据处理

1. 实验数据记录在表 14-1 中。

表 14-1　实验数据

室温：_____℃，大气压：_____Pa，湿度：_____，电导池常数 K_{cell}/m^{-1}：_____。

$c/mol \cdot L^{-1}$		0.0001	0.0005	0.001	0.005	0.01	0.02
$\kappa/\mu S \cdot cm^{-1}$	1						
	2						
	3						
$\bar{\kappa}/\mu S \cdot cm^{-1}$							
$\Lambda_m/S \cdot m^2 \cdot mol^{-1}$							
$\Lambda_m^\infty/S \cdot m^2 \cdot mol^{-1}$							

2. 利用式(14-1)计算每种溶液的摩尔电导率 Λ_m。

3. 以 Λ_m 对 $\sqrt{c}$ 作图，外推至 $c \to 0$，求出 NaOH 溶液的 Λ_m^∞ 值。

六、注意事项

1. 本实验所用溶液全部用去离子水配制。

2. 如果在测量时，预先不知道被测溶液电导率的大小，应先把量程开关置于最大电导率测量挡，然后逐挡下降。

七、思考题

用电导率仪测量电导的数值，准确度怎样？为什么？

实验十五 原电池电动势的测定和应用

一、实验目的

1. 掌握对消法测定可逆电池电动势的原理和原电池电动势的测定方法。

2. 学会制备电极和盐桥，掌握电位差计的使用。

3. 了解可逆电池电动势的应用。

二、实验原理

凡把化学能转变为电能的装置称为化学电源（或电池、原电池）。原电池由半电池组成，半电池由一个电极和电解质溶液组成，不同的半电池可以组成各式各样的原电池，如图 15-1 所示。电池反应中正极起还原反应，负极起氧化反应，而电池反应是电池中所有反应的总和。

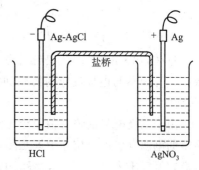

图 15-1 原电池示意图

电动势的测量在物理化学研究中有重要的意义和广泛的应用。在恒温恒压可逆条件下，电池反应的吉布斯自由能的改变值等于对外所做的最大非体积功，即：

$$(\Delta_r G)_{T,p} = W_r' - nEF \tag{15-1}$$

式中，n 为电池输出元电荷的物质的量，mol；E 为可逆电池的电动势，V；F 为法拉第常数，$F = 96500 \text{C} \cdot \text{mol}^{-1}$。

式(15-1)中只有在恒温恒压可逆条件下才能成立，可逆电池应满足如下条件：

① 电池反应可逆，亦即电池电极反应可逆；

② 电池中不允许存在任何不可逆的液接界；

③ 电池必须在可逆的情况下工作，即充放电过程必须在平衡态下进行，即允许通过电池的电流为无限小。

凡是组成不同或浓度不同的两种电解质溶液接界的电池都是热力学不可逆的。这是因为这两种溶液相接触时，由于离子的迁移速率不同，使溶液的接界面上产生液体接界电势（亦称为扩散电势），它的大小一般不超过 0.03V。当待测电池中存在液体接界电势时，会影响所测电动势的准确度。在电池电动势测定时在两种溶液之间插入盐桥，可以尽可能地减少液体接界电势的影响（液体接界电位可降低至毫伏级）。

因此，在制备可逆电池，精确度不高的测量中，常用正、负离子迁移数比较接近的盐类构成"盐桥"来消除液接界电位。

原电池电动势不能直接用伏特计来测量，因为电池与伏特计接通后有电流通过，在电池两极上会发生极化现象，使电极偏离平衡状态。另外，电池本身有内阻而产生电位降，伏特计测量得到的仅是不可逆电池的端电压。采用对消法（又叫补偿法）可在无电流（或极小电流）通过电池的情况下准确测定电池的电动势。用电位差计测量电动势也可满足通过电池电流为无限小的条件。

对消法原理是在待测电池上并联一个大小相等、方向相反的外加电势差，这样待测电池中没有电流通过，外加电势差的大小即等于待测电池的电动势。

在电池中，每个电极都具有一定的电极电势。当电池处于平衡态时，两个电极的电极电势之差就等于该可逆电池的电动势，按照我们常采用的习惯，规定电池的电动势等于正、负电极的电极电势之差。即：

$$E = E_+ - E_- \tag{15-2}$$

式中，E 是原电池的电动势；E_+、E_- 分别代表正、负极的电极电势。

其中：

$$E_+ = E_+^{\ominus} - \frac{RT}{nF} \ln \frac{a_{还原}}{a_{氧化}} \tag{15-3}$$

$$E_- = E_-^{\ominus} - \frac{RT}{nF} \ln \frac{a_{还原}}{a_{氧化}} \tag{15-4}$$

在式(15-3) 和式(15-4) 中，$E_+^{\ominus}$、$E_-^{\ominus}$ 分别代表正、负电极的标准电极电势；R 为 $8.314 \mathrm{J} \cdot (\mathrm{mol} \cdot \mathrm{K})^{-1}$；$T$ 是热力学温度，K；n 是反应中得失电子的数量；F 为法拉第常数；$a_{氧化}$ 为参与电极反应的物质的氧化态的活度；$a_{还原}$ 为参与电极反应的物质的还原态的活度。

由于电极电势的绝对值至今无法测量，在电化学中，用参比电极与另一电极组成电池，测得的电池电极的电位差值即是另一电极的电极电势。规定：任意温度下标准氢电极（即氢电极中氢气压力为 100kPa，溶液中 $a_{\mathrm{H}^+} = 1$）的电极电势为零，以此为标准，求得该电极的电极电势。但使用氢电极比较麻烦，常用甘汞电极、氯化银电极为参比电极来代替氢电极，具有制备容易、使用方便、电位稳定等特点。

对于电池：$\mathrm{Ag\text{-}AgCl(s)} \mid \mathrm{HCl}(m_1) \parallel \mathrm{AgNO_3}(m_2) \mid \mathrm{Ag(s)}$

其电池反应为：

$$负极：\mathrm{Ag} + \mathrm{Cl}^-(m_1) \longrightarrow \mathrm{AgCl} + \mathrm{e}^-$$

$$正极：\mathrm{Ag}^+(m_2) + \mathrm{e}^- \longrightarrow \mathrm{Ag}$$

$$总的电池反应：\mathrm{Ag}^+(m_2) + \mathrm{Cl}^-(m_1) \longrightarrow \mathrm{AgCl}$$

电池电动势：$E = E_{\mathrm{Ag}^+, \mathrm{Ag}} - E_{\mathrm{Ag\text{-}AgCl}, \mathrm{Cl}^-}$

$$E_{\mathrm{Ag}^+, \mathrm{Ag}} = E_{\mathrm{Ag}^+, \mathrm{Ag}}^{\ominus} - \frac{RT}{F} \ln a_{\mathrm{Ag}^+} \tag{15-5}$$

$$E_{\mathrm{Ag\text{-}AgCl}, \mathrm{Cl}^-} = E_{\mathrm{Ag\text{-}AgCl}, \mathrm{Cl}^-}^{\ominus} - \frac{RT}{F} \ln \frac{1}{a_{\mathrm{Cl}^-}} \tag{15-6}$$

$$E = E^{\ominus} + \frac{RT}{F} \ln \frac{1}{a_{Ag^+} \cdot a_{Cl^-}} \tag{15-7}$$

因为

$$\Delta G^{\ominus} = -nE^{\ominus}F = -RT \ln \frac{1}{K_{sp}} \tag{15-8}$$

$$E^{\ominus} = \frac{RT}{nF} \ln \frac{1}{K_{sp}} \tag{15-9}$$

由式(15-7) 和式(15-9) 得：$\lg K_{sp} = \lg a_{Ag^+} + \lg a_{Cl^-} - \dfrac{EF}{2.303RT}$ (15-10)

只要测得该电池的电动势，就可以通过上式求得 AgCl 的 K_{sp}。

在式(15-5) 和式(15-6) 中，Ag^+、Cl^- 的活度可由其质量摩尔浓度 m_i 和相应电解质溶液的平均离子活度系数 $\gamma_{\pm}$ 计算出来。

$$a_{Ag^+} = m_2 \gamma_{\pm} \tag{15-11}$$

$$a_{Cl^-} = m_1 \gamma_{\pm} \tag{15-12}$$

三、仪器与试剂

电子电位差计，精密稳流电源，韦斯顿标准电池，银电极 2 支，铂电极 1 支，甘汞电极 1 支，盐桥玻璃管 2 根。

$0.1 mol \cdot L^{-1} AgNO_3$ 溶液，$0.1 mol \cdot L^{-1} HCl$ 溶液，$1.0 mol \cdot L^{-1} HCl$ 溶液，饱和氯化钾溶液，$1.0 mol \cdot L^{-1} KCl$，琼脂，硝酸钾（分析纯），镀银溶液。

四、实验步骤

本实验测定下列两个电池的电动势：

① $Hg(l)-Hg_2Cl_2(s)|$饱和 KCl 溶液 $\parallel AgNO_3(0.1 mol \cdot L^{-1})|Ag(s)$

② $Ag(s)-AgCl(s)|HCl(0.1 mol \cdot L^{-1}) \parallel AgNO_3(0.1 mol \cdot L^{-1})|Ag(s)$

1. 电子电位差计的使用详见第二章第四节"二、电池电动势测量"。

2. 电极的制备

（1）制备银电极

将两根银电极用抛光砂纸轻轻擦亮，再用蒸馏水洗净擦干。把洗净的银丝插入镀银溶液中作为阴极，另取一银丝（或铂片）作阳极进行电镀。电镀线路与图 15-2 相同，调节精密稳流电源，使电流密度为 $2 \sim 3 mA \cdot cm^{-2}$，电镀约 30min。取出阴极，用蒸馏水洗净。把处理好的两根银电极浸入 $AgNO_3$ 溶液中，测量两电极间的电动势值。两电极间的电位差小于 0.005V 方可在浓差电池中使用，否则，需重新处理电极或者重新挑选电极。

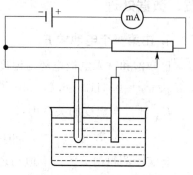

图 15-2　电镀（解）线路

镀银溶液的配方：3g $AgNO_3$，6g KI，7mL 氨水配成 100mL 溶液。

（2）制备 Ag-AgCl 电极

用（1）新镀的银丝作阳极，铂作阴极，在 $1.0 mol \cdot L^{-1} HCl$ 中进行电镀。电镀线路仍与图 15-2 相同，调节滑线电阻，使阳极电流密度为 $2 mA \cdot cm^{-2}$，电镀约 30min，这时阳极变成紫褐色。取出阳极，用蒸馏水洗净，插入盛有 $1.0mol \cdot L^{-1}$ KCl 的叉形电导池中，即为 Ag-AgCl 电极。其电极电势 $E_{AgCl/Ag,Cl^-} = 0.2223V$。此电极不用时，把它插入稀 HCl 或 KCl 的溶液中，保存在暗处（已镀好）。

3. 制备盐桥

KNO_3 盐桥：在 250mL 锥形瓶中，加入 3g 琼脂和 100mL 蒸馏水，在水浴上加热直到完全溶解，再加入 60g KNO_3，充分搅拌后，趁热用滴管将此溶液装入 U 形管内，静置，待琼脂凝结后即可使用。不用时放在饱和 KNO_3 溶液中（已制备好）。

4. 测量电池电动势

(1) 插上数字电子电位差计的电源插座，打开电源开关预热 5min。

(2) 测定实验时的室温，计算该温度下的标准电池电动势值，计算公式如下：

$$E_t = [1.0186 - 4.06 \times 10^{-5}(t-20) - 9.5 \times 10^{-7}(t-20)^2]V$$

式中，t 为实验温度，℃。

(3) 校验：分别用红（"＋"极）、黑（"－"极）测量线的一端插入数字式电子电位差计的外标线路相对应的"＋"极与"－"极，其另一端与标准电池的"＋"极与"－"极相连接，将数字式电子电位差计"功能选择"开关打到"外标"，依次调节电位器开关"×1000mV、×100mV、×10mV、×1mV、×0.1mV 到 E_t 值，旋转×0.01mV 电位器，使电动势指示的值与 E_t 完全相符，且平衡指示为 0.0000 止。若不为零，则按校准开关。

(4) 测量：将数字式电子电位差计"功能选择"开关打到"测量"，分别用红（"＋"极）、黑（"－"极）测量线的一端插入数字式电子电位差计的测量线路相对应的"＋"极与"－"极，其另一端与所测电池的"＋"极与"－"极相连接，依次调节电位器开关×1000mV、×100mV、×10mV、×1mV、×0.1mV 到理论计算值，旋转×0.01mV 电位器，使平衡指示为 0.0000 止，读出电动势指示值，即为所测电池的电动势。

(5) 实验完毕，电位器复零，关闭电源开关，拔下电源插座，整理好电源连接线和标准电池，合上数字电位差计仪器盖，整理实验室。

五、数据处理

1. 由第一个电池求 $E_{Ag^+,Ag}^{\ominus}$

已知饱和甘汞电极电势与温度的关系为：

$$E_{饱和甘汞} = 0.2412 - 6.61 \times 10^{-4}(t-25) - 1.75 \times 10^{-6}(t-25)^2 - 9.16 \times 10^{-10}(t-25)^3$$

$E_{Ag^+,Ag}^{\ominus}$ 与温度的关系为：

$$E_{Ag^+,Ag}^{\ominus} = 0.7991 - 9.88 \times 10^{-4}(t-25) + 7 \times 10^{-7}(t-25)^2$$

将实验测得的 $E_{Ag^+,Ag}^{\ominus}$ 值与理论计算值进行比较，要求相对误差小于 1%。

2. 根据第二个电池的测定结果，求 AgCl 的 K_{sp}。

已知 0℃时 $0.1mol \cdot L^{-1}$ HCl 溶液的平均活度系数 $\gamma_{\pm}^0 = 0.8027$，温度 t℃时的 $\gamma_{\pm}^t$ 可通过下式求得：

$$-\lg\gamma_{\pm}^t = -\lg\gamma_{\pm}^0 + 1.620 \times 10^{-4}t + 3.13 \times 10^{-7}t^2$$

而 $0.1mol \cdot L^{-1}$ $AgNO_3$ 在 25℃时的 $\gamma_{Ag^+}^{25℃} = \gamma_{\pm} = 0.734$。

3. 结果要求及其文献值

（1）由实验求得的 AgCl 的 K_{sp} 与文献值之差在 $\pm 0.5 \times 10^{-10}$ 以内。$E^{\ominus}_{Ag^+,Ag}$ 实测值与理论值比较，其相对误差不大于 1%。

（2）文献值：$K_{sp}(AgCl) = 1.77 \times 10^{-10}$。

六、注意事项

1. 数字电位差计要预热 15min。

2. 标准电池属精密仪器，使用时一定要注意，切记不能倒置。

3. 在测量电池电动势时，尽管我们采用的是对消法，但在对消点前，测量回路将有电流通过，所以在测量过程中不能一直按下电键按钮，否则回路中将一直有电流通过，电极就会产生极化，溶液的浓度也会发生变化，测得的就不是可逆电池电动势，所以应按一下调一下，直至平衡。

4. 盐桥使用时注意不要污染，认准一端装氯化物，用后要及时清洗，并在饱和硝酸钾溶液中保存。

5. 硝酸银溶液用后要回收到指定的容器中。

6. 电池电动势测定时不要长时间通电，当稳定后马上读数，然后按下断开开关。

七、思考题

1. 对消法测电动势的基本原理是什么？为什么用伏特计不能准确测定电池电动势？

2. 盐桥的选择原则和作用是什么？

3. 标准电池使用时应注意什么？

实验十六　希托夫法测量离子迁移数

一、实验目的

1. 掌握希托夫法测定离子迁移数的原理和方法。

2. 明确迁移数的概念。

3. 了解电量计的使用原理及方法。

二、实验原理

当电流通过电解质溶液时，溶液中的正、负离子各自向阴、阳两极迁移，由于各种离子的迁移速度不同，各自所带电量也必然不同。每种离子所带电量与通过溶液的总电量之比，称为该离子在此溶液中的迁移数。若正、负离子传递电量分别为 q_+ 和 q_-，通过溶液的总电量为 Q：

$$Q = q_+ + q_- \tag{16-1}$$

每种离子传递的电量与总电量之比，称为离子迁移数：

阴离子的迁移数：
$$t_- = \frac{q_-}{Q} \tag{16-2}$$

阳离子的迁移数：

$$t_+ = \frac{q_+}{Q} \tag{16-3}$$

$$t_- + t_+ = 1 \tag{16-4}$$

在包含数种阴、阳离子的混合电解质溶液中，t_+ 和 t_- 各为所有阴、阳离子迁移数的总和。

一般增加某种离子的浓度，则该离子传递电量的百分数增加，离子迁移数也相应增加。但对仅含一种电解质的溶液，浓度改变使离子间的引力场改变，离子迁移数也会改变，但变化的大小因不同物质而异。

离子迁移数与浓度、温度、溶剂的性质有关，增加某种离子的浓度则该离子传递电量的百分数增加，离子迁移数也相应增加；温度改变，离子迁移数也会发生变化，但温度升高正负离子的迁移数差别较小；同一种离子在不同电解质中迁移数是不同的。

测定离子迁移数对了解离子的性质具有重要意义。测定迁移数的方法有希托夫法、界面移动法和电动势法，下面介绍希托夫法。

希托夫法测定迁移数的原理是根据电解前后，两电极区内电解质量的变化来求算离子的迁移数。两个金属电极放在含有电解质溶液的电解池中，可设想在这两个电极之间的溶液中存在着三个区域：阴极区、中间区和阳极区，如图 16-1 所示。并假定该溶液只含一价的正、负离子，而且负离子的移动速度是正离子的 3 倍。当直流电通过电解池时，会发生下列情况：

① 一旦接通电流，阳极区的正离子会向阴极区移动，而阴极区的阴离子会向阳极区移动。如图 16-1（a）所示；

② 一定时间后，由于负离子的移动速率是正离子的 3 倍，那么一个正离子从阳极区移出，必定有 3 个负离子从阴极区移出，此时溶液中离子的分布情况如图 16-1（b）所示；

③ 若在阴极区有 4 个正离子还原沉积，则必有 4 个负离子在阳极上放电。其结果是阴极区只剩如图 16-1（c）所示的 2 对离子，阳极区还剩 4 对离子，而中间区的则不变。阴极区减少的 3 对离子正是由于移出 3 个负离子造成的，阳极区减少的一对离子则是由于移出一个正离子所造成的。此时，通过溶液的电荷量等于正、负离子迁移电荷量之和，即等于 4 个电子的电荷量。

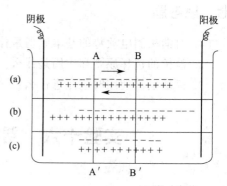

图 16-1　离子的电迁移示意图

从上面所述不难得出下列结果：

$$\frac{\text{正离子迁移的电荷量}(q_+)}{\text{负离子迁移的电荷量}(q_-)} = \frac{\text{阳极区减少的电解质}}{\text{阴极区减少的电解质}}$$

那么根据式（16-2）和式（16-3）可得：

$$t_+ = \frac{\text{阳极区减少的电解质}}{\text{通过溶液的总电荷量}} \tag{16-5}$$

$$t_- = \frac{\text{阴极区减少的电解质}}{\text{通过溶液的总电荷量}} \tag{16-6}$$

上述关系式中，阴、阳极区减少的电解质可分别通过分析通电前、后各自区域电解质的变化量得到。在测定装置中串联一个库仑计，测定通电前、后库仑计中阴极的质量变化，经计算即可得到通过溶液的总电荷量。

三、仪器与试剂

铜库仑计 1 个，直流稳压电源 1 个，电子天平 1 台，50mL、250mL 锥形瓶各 2 个，电流表 1 块，希托夫迁移管 1 套，滴定管 1 根，100mL 烧杯 2 个，25mL 移液管 3 支，导线，铁架台。

$0.1mol \cdot L^{-1}$ $AgNO_3$ 溶液，电解铜片（99.999%），$6.0mol \cdot L^{-1}$ HNO_3 溶液，Fe$(NH_4)(SO_4)_2 \cdot 12H_2O$ 饱和溶液，$0.1mol \cdot L^{-1}$ KSCN 溶液，无水乙醇，镀铜液（100mL 水中含 15g $CuSO_4 \cdot 5H_2O$，5mL 浓 H_2SO_4，5mL 乙醇）。

四、实验步骤

1. 洗净所有的容器，用少量 $0.1mol \cdot L^{-1}$ $AgNO_3$ 溶液洗涤希托夫迁移管 3 次，然后在迁移管中装入该溶液，迁移管中不应有气泡，并使 A、B 活塞处于导通状态。

2. 铜电极放在 $6.0mol \cdot L^{-1}$ HNO_3 溶液中稍微洗涤一下，以除去表面的氧化层，用蒸馏水冲洗后，将作为阳极的两片铜电极放入盛有镀铜液的库仑计中。将铜阴极用无水乙醇淋洗一下，用热空气将其吹干（温度不能太高），在天平上称量得 m_1，然后放入库仑计。

3. 按图 16-2 接好测量线路，接通直流稳压电源，通过调节使电流在 10mA 左右。

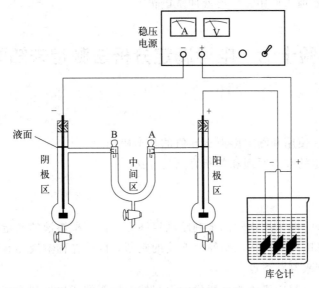

图 16-2　希托夫法测定离子迁移数线路图

4. 通电 1h 后，关闭电源。并立即关闭 A、B 活塞。取出库仑计中的铜阴极，用蒸馏水冲洗后，用无水乙醇淋洗，用热空气将其吹干，然后在天平上称量得 m_2。

5. 取中间区 $AgNO_3$ 溶液 25mL 和原始 $AgNO_3$ 溶液，分别称量并滴定分析其浓度。若中间区溶液的滴定结果与原始的相差太大，则实验需重做。

6. 分别将阴、阳极区的 $AgNO_3$ 溶液全部取出，放入已知质量的锥形瓶中称量。然后分别加入 $6.0mol \cdot L^{-1}$ HNO_3 溶液 5mL 和 1mL Fe$(NH_4)(SO_4)_2 \cdot 12H_2O$ 饱和溶液，用 $0.1mol \cdot L^{-1}$ KSCN 溶液滴定，至溶液呈淡红色，至用力摇晃也不褪色为止。

五、数据处理

1. 根据法拉第定律和库仑计中铜阴极的增量计算通过迁移管的总电荷量 Q，计算公式如下：

$$Q = \frac{2F(m_2 - m_1)}{M_{Cu}} \tag{16-7}$$

式中，F 为法拉第常数，$96500 C \cdot mol^{-1}$；M_{Cu} 为铜的摩尔质量，$g \cdot mol^{-1}$。

2. 根据原始溶液的滴定分析结果，计算出原始溶液中 $AgNO_3$ 的量。

3. 根据通电后阳极区溶液的滴定分析结果，计算出阳极区溶液中 $AgNO_3$ 的量。

4. 根据计算结果和上述一系列公式分别求出 Ag^+ 和 NO_3^- 的迁移数。

六、注意事项

1. 通电过程中，迁移管应避免振动。

2. 中间管与阴极管、阳极管连接处不能有气泡。

七、思考题

1. 中间区浓度改变说明什么？如何防止？

2. 为什么不用蒸馏水而用原始溶液冲洗电极？

实验十七　电导滴定分析法测定未知酸

一、实验目的

1. 掌握电导率仪使用和测定溶液电导值的基本操作。
2. 掌握电导滴定的基本原理和判断终点的办法。

二、实验原理

在滴定分析中，一般采用指示剂来判断滴定终点，由于稀溶液的滴定终点突跃甚小，而有色溶液的颜色会影响终点时指示剂颜色变化的判断，因此在稀溶液和有色溶液的滴定分析中，无法采用指示剂来判断终点。

本实验借助滴定过程中离子浓度变化而引起的电导率的变化来判断滴定终点，这种方法称为电导滴定。NaOH 溶液与 HCl 溶液的滴定中，在滴定开始时，由于氢离子的极限摩尔电导率较大，测定的溶液电导率也较大，随着滴定进行，H^+ 和 OH^- 不断结合生成电导率很小的水，在 H^+ 浓度不断下降的同时增加同等量的 Na^+，但是 Na^+ 导电能力小于 H^+，因此溶液的电导值也是不断下降的，在化学计量点以后，随着过量的 NaOH 溶液不断加入，溶液中增加了具有较强导电能力的 OH^-，因而溶液的电导值又会不断增加。由此可以判断，溶液具有最小电导率值时所对应的滴定剂体积即为滴定终点。

三、仪器与试剂

电导率仪 1 台，DJS-1C 型电导电极 1 支，搅拌器 1 台，10mL 移液管 1 只，100mL 烧杯 1 个。

0.1mol·L⁻¹NaOH 标准溶液，未知浓度 HCl 溶液。

四、实验步骤

1. 滴定前准备

按照滴定分析基本要求洗涤、润洗滴定管，装入 $0.1mol·L^{-1}$ NaOH 标准溶液，调节滴定液面至"0.00mL"处。

用移液管准确移取 5.0mL 未知浓度的 HCl 溶液于 100mL 烧杯中，加入 50mL 蒸馏水稀释被测溶液，将烧杯置于磁力搅拌器上，放入搅拌子。

按照要求将电导电极插入被测溶液中，调节"温度"旋钮至待测溶液温度，调节仪器"常数"补偿调节旋钮使仪器显示值和"常数"补偿选择值的乘积与电极常数值一致，然后开始测量。

2. 滴定过程中溶液电导率的测定

按照表 17-1 依次滴加 $0.1mol·L^{-1}$ NaOH 标准溶液，读取并记录电导率仪上的电导率。

表 17-1　不同 NaOH 标准溶液的电导率

NaOH 标准溶液体积/mL	0.00	0.50	1.00	1.50	2.00	2.50	3.00
溶液电导率(κ)/S·m⁻¹							
NaOH 标准溶液体积/mL	3.50	4.00	4.50	5.00	5.50	6.00	6.50
溶液电导率(κ)/S·m⁻¹							
NaOH 标准溶液体积/mL	7.00	7.50	8.00	8.50	9.00	9.50	10.00
溶液电导率(κ)/S·m⁻¹							
NaOH 标准溶液体积/mL	10.50	11.00	11.50	12.00	12.50	13.00	13.50
溶液电导率(κ)/S·m⁻¹							

五、实验数据处理

1. 滴定曲线绘制

以测定的溶液电导率为纵坐标，滴加的 NaOH 标准溶液体积为横坐标制图，绘制电导率滴定曲线，并采用作图法在滴定曲线上求出滴定终点所对应的滴定剂体积 V_{ep}。

2. 未知浓度 HCl 溶液的浓度计算

根据 NaOH 标准溶液的浓度，滴定终点时滴定剂的体积，采用下式计算未知浓度 HCl 溶液的浓度：

$$c_x = \frac{c_{NaOH}V_{ep}}{5.00} \tag{17-1}$$

式中，c_x 为 HCl 溶液浓度，$mol·L^{-1}$；c_{NaOH} 为 NaOH 标准溶液浓度，$mol·L^{-1}$；V_{ep} 为滴定终点，所耗 NaOH 标准溶液的体积。

六、实验注意事项

1. 实验前碱式滴定管必须清洗干净，并用 $0.1mol·L^{-1}$ NaOH 标准溶液润洗 2～3 次。

2. 注意调节好磁力搅拌器的速度（注意观察搅拌子的旋转以判断速度），不能过快而使液体飞溅，亦不能过慢而未使溶液混合均匀，从而影响滴定结果。

3. 将电导电极插入溶液中时，要注意插入的深度及位置，既要保证搅拌子不会损坏电极，也要保证滴定时方便操作。

4. 滴定开始前，要注意碱式滴定管的尖嘴处是否有空气，若有一定要排空，在后续的滴定操作中挤捏胶管中的玻璃珠，控制每秒一滴的滴定速度。

5. 一次滴定结束后，电导率仪显示的值会跳动，这是因为溶液还在混匀之中，要待其稳定后再记录电导率值。

实验十八　恒电流法测定铁在酸中腐蚀的极化曲线

一、实验目的

1. 掌握恒电位法测定电极极化曲线的原理和实验技术。
2. 了解氯离子、缓蚀剂等因素对铁电极极化的影响。
3. 讨论极化曲线在金属腐蚀与防护中的应用。

二、基本原理

1. 铁的极化曲线

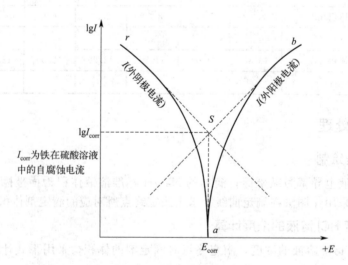

图 18-1　Fe 的极化曲线

金属的电化学腐蚀是金属与介质接触时发生的自溶解过程。例如：①$Fe - 2e^- \rightleftharpoons Fe^{2+}$；②$2H^+ + 2e^- \rightleftharpoons H_2$。Fe 将不断被溶解，同时产生 H_2。Fe 电极和 H 电极及 H_2SO_4 溶液构成了腐蚀原电池，其腐蚀反应为 $Fe + 2H^+ \rightleftharpoons Fe^{2+} + H_2$，这就是 Fe 在酸性溶液中腐蚀的原因。

当电极不与外电路接通时，其净电流为零，即 $I_{corr} = I_{Fe} = -I_H \neq 0$。

图 18-1 中 ra 为阴极极化曲线，当对电极进行阴极极化，即加比图中 E_{corr} 更低的电压

时，电化学过程以 H_2 析出为主，这种效应称为"阴极保护"，这种效应使 $Fe-2e^- \longrightarrow Fe^{2+}$ 反应被抑制，反应 $2H^+ + 2e^- \longrightarrow H_2$ 被加速。塔菲尔（Tafel）半对数关系，即：$\eta_H = a_H + b_H \lg(I_H/\text{A·cm}^{-2})$。

图 18-1 中 ab 曲线为阳极极化曲线，当对电极进行阳极极化时，即加比图中 E_{corr} 更高的电压时以溶解为主。即反应 $2H^+ + 2e^- \longrightarrow H_2$ 被抑制，反应以 $Fe-2e^- \longrightarrow Fe^{2+}$ 为主，电化学过程以 Fe 溶解为主，符合公式：$\eta_{Fe} = a_{Fe} + b_{Fe} \lg(I_{Fe}/\text{A·cm}^{-2})$。

2. 铁的钝化曲线

图 18-2 中 abc 段是 Fe 的正常溶解，生成 Fe^{2+}，称为活化区。cd 段称为活化钝化过渡区。de 段的电流称为维钝电流，此段电极处于比较稳定的钝化区，Fe^{2+} 与溶液中的离子形成 $FeSO_4$ 沉淀层，阻滞了阳极反应，由于 H^+ 不易到达 $FeSO_4$ 层内部，使 Fe 表面的 pH 增大，Fe_2O_3、Fe_3O_4 开始在 Fe 表面生成，形成了致密的氧化膜，极大地阻滞了 Fe 的溶解，因而出现钝化现象，ef 段称为过钝化区。

图 18-3 中 W 表示研究电极，C 表示辅助电极，r 表示参比电极。参比电极和研究电极组成原电池，可确定研究电极的电位。辅助电极与研究电极组成电解池，使研究电极处于极化状态。

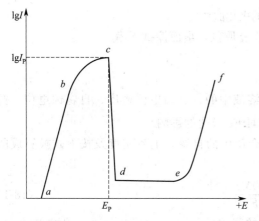

图 18-2　Fe 的钝化曲线

I_P—致钝电流；E_P—致钝电位

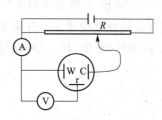

图 18-3　恒电流法原理示意图

在实际测量中，常采用的恒电势法有下列两种。

（1）静态法　将电极电势较长时间地维持在某一恒定值，同时测量电流密度随时间的变化，直到电流基本上达到某一稳定值。如此逐点地测量在各个电极电势下的稳定电流密度值，以获得完整的极化曲线的方法。

（2）动态法　控制电极电势以较慢的速度连续地改变（扫描），并测量对应电势下的瞬时电流密度，并以瞬时电流密度值与对应的电势作图就得到整个极化曲线。所采用的扫描速度（即电势变化的速度）需要根据研究体系的性质选定。一般来说，电极表面建立稳态的速度越慢，则扫描也应越慢，这样才能使测得的极化曲线与采用静态法测得的结果接近。

三、仪器与试剂

电化学工作站，铂电极（辅助电极），铁电极（研究电极），硫酸亚汞电极，金相砂纸。

电解质溶液（饱和氯化钾溶液），$0.1mol \cdot L^{-1}$、$1.0mol \cdot L^{-1}$ H_2SO_4 溶液，$1.0mol \cdot L^{-1}$ HCl 溶液，乌洛托品（缓蚀剂），无水乙醇。

四、实验步骤

1. 用金相砂纸打磨电极至平整光亮，无水乙醇清洗，擦干，每次测试前重复此步骤。

2. 测量极化曲线

（1）打开电化学工作站的窗口。

（2）安装电极，使电极浸入电解质溶液中，将绿色夹头夹铁电极，红色夹头夹铂片电极，黄色夹头夹硫酸亚汞电极。

（3）测定开路电位。选中恒电位技术中的"开路电位-时间"实验技术，双击选择参数，可用仪器默认值，点击"确认"。点击"？"开始实验，测得的开路电位即为电极的自腐蚀电势 E_{corr}。

（4）开路电位稳定后，测电极极化曲线。选中"线性扫描技术"中的"塔菲尔曲线"实验技术，双击。为使 Fe 电极的阴极极化、阳极极化、钝化、过钝化全部表示出来，初始电位设为"$-1.0V$"，终止电位设为"$2.0V$"，扫描速度设为"$0.1V \cdot s^{-1}$"，其他可用仪器默认值，极化曲线自动画出。

3. 按1、2步骤分别测定 Fe 电极在 $0.1mol \cdot L^{-1}$ 和 $1mol \cdot L^{-1}$ H_2SO_4 溶液，$1.0mol \cdot L^{-1}$ HCl 溶液及含1%乌洛托品的 $1.0mol \cdot L^{-1}$ HCl 溶液中的极化曲线。

4. 实验完毕，清洗电极、电解池，将仪器恢复原位，桌面擦拭干净。

五、数据处理

1. 分别求出 Fe 电极在不同浓度的 H_2SO_4 溶液中的自腐蚀电流密度、自腐蚀电位、钝化电流密度及钝化电位范围，分析 H_2SO_4 浓度对 Fe 极化的影响。

2. 分别计算 Fe 在 HCl 及含缓蚀剂的 HCl 介质中的自腐蚀电流密度及按下式换算成的腐蚀速度（v）：

$$v = \frac{3600Mi}{nF} \tag{18-1}$$

式中，v 为腐蚀速度，$g \cdot m \cdot h^{-1}$；M 为 Fe 的摩尔质量，$g \cdot mol^{-1}$；i 为钝化电流密度，$A \cdot m^{-1}$；F 为法拉第常教，$96500C \cdot mol^{-1}$；n 为发生 1mol 电极反应得失电子的物质的量。

六、注意事项

1. 测定前仔细了解仪器的使用方法。

2. 电极表面一定要处理平整、光亮、干净，不能有点蚀孔。

七、思考题

1. 平衡电极电位、自腐蚀电位有何不同？

2. 分析 H_2SO_4 浓度对 Fe 钝化的影响。比较盐酸溶液中加和不加乌洛托品，Fe 电极上自腐蚀电流的大小。Fe 在盐酸中能否钝化，为什么？

3. 测定钝化曲线为什么不采用恒电流法？

4. 如果对某种体系进行阳极保护，首先必须明确哪些参数？

第五章

动力学实验

实验十九　电导法测定乙酸乙酯皂化反应的速率常数

一、实验目的

1. 掌握用电导法测定乙酸乙酯皂化反应的速率常数和活化能。
2. 了解二级反应的特点，学会用图解法求二级反应的速率常数。
3. 熟悉电导率仪的使用。

二、实验原理

乙酸乙酯皂化反应是一个双分子反应，其反应式为：

$$CH_3COOC_2H_5 + NaOH \longrightarrow CH_3COONa + C_2H_5OH$$

$t=0$　　　　　　　　a　　　　　a　　　　　0　　　　　0

$t=t$　　　　　　　　$a-x$　　　$a-x$　　　x　　　　　x

$t \rightarrow \infty$　　　　　　　$(a-x) \rightarrow 0$ $(a-x) \rightarrow 0$　$x \rightarrow a$　　　$x \rightarrow a$

上述反应是一个典型的二级反应，其反应速率可用下式表示：

$$\frac{\mathrm{d}x}{\mathrm{d}t} = k(a-x)^2 \tag{19-1}$$

式中，x 为 t 时刻生成物的浓度；k 为二级反应速率常数。

将上式积分得：

$$k = \frac{1}{ta} \times \frac{x}{a-x} \tag{19-2}$$

实验测得不同 t 时的 x 值，按式(19-2)计算相应的反应速率常数 k。如果 k 值为常数，证明该反应为二级。通常，以 $\frac{x}{a-x}$-t 作图，若所得为直线，证明为二级反应，并可从直线的斜率求出 k，单位为 $\mathrm{m}^3 \cdot (\mathrm{mol} \cdot \mathrm{s})^{-1}$。所以在反应进行过程中，只要能够测出反应物或生成物的浓度，即可求得该反应的速率常数 k。

假定整个反应体系是在接近无限稀释的水溶液中进行的，因此可以认为 CH_3COONa 和

NaOH 是全部电离的,而 $CH_3COOC_2H_5$ 和 C_2H_5OH 认为完全不电离。在此前提下,本实验用测量溶液电导率的变化来取代测量浓度的变化。反应系统中,参与导电的离子有 Na^+、OH^- 和 CH_3COO^-,而 Na^+ 在反应前后浓度不变,OH^- 迁移率比 CH_3COO^- 迁移率大得多。所以,随着反应的进行,迁移率大的 OH^- 逐渐被迁移率小的 CH_3COO^- 所取代,溶液电导率有显著降低。对于稀溶液,强电解质的电导率 κ 与其浓度成正比,而且溶液的总电导率就等于组成该溶液的电解质的电导率之和。若乙酸乙酯皂化反应在稀溶液中进行,则存在如下关系式:

$$\kappa_0 = A_1 a \tag{19-3}$$

$$\kappa_\infty = A_2 a \tag{19-4}$$

$$\kappa_t = A_1(a-x) + A_2 x \tag{19-5}$$

式中,A_1、A_2 是与温度、电解质性质和溶剂等因素有关的比例常数;κ_0、κ_t、κ_∞ 分别为反应开始、反应时间为 t 和反应终了时溶液的总电导率。由式(19-3)~式(19-5)可得:

$$x = \left(\frac{\kappa_0 - \kappa_t}{\kappa_0 - \kappa_\infty}\right)a \tag{19-6}$$

若乙酸乙酯与 NaOH 的起始浓度相等,将式(19-6)代入式(19-2)可得:

$$k = \frac{1}{at} \times \frac{\kappa_0 - \kappa_t}{\kappa_t - \kappa_\infty} \tag{19-7}$$

由实验测得 κ_0、κ_t、κ_∞,以 t-$\dfrac{\kappa_0 - \kappa_t}{\kappa_t - \kappa_\infty}$ 作图为一直线,即说明该反应为二级反应,且由直线的斜率可求得速率常数 k,也可以将式(19-7)变换成不同的直线化方程作图,由直线的斜率可求得 k 值。

温度对化学反应速率的影响常用阿仑尼乌斯(Arrhenius)方程描述:

$$\frac{\mathrm{d}\ln k}{\mathrm{d}T} = \frac{E_a}{RT^2} \tag{19-8}$$

式中,E_a 为反应的活化能,假定活化能是常数,测定两个不同温度下的速率常数 $k(T_1)$ 与 $k(T_2)$ 后可以按式(19-9)计算反应的活化能 E_a。

$$E_a = \ln\frac{k(T_2)}{k(T_1)} \times \frac{RT_1 T_2}{T_2 - T_1} \tag{19-9}$$

由于溶液中的化学反应实际上非常复杂,如上所测定和计算的是表观活化能。

三、仪器与试剂

电导率仪 1 台,恒温水槽 1 套,叉形电导池 2 个,25mL 移液管 4 支,DJS-1C 型铂黑电极。

$0.02\,\mathrm{mol \cdot L^{-1}}\ CH_3COOC_2H_5$ 溶液(新鲜配制),$0.02\,\mathrm{mol \cdot L^{-1}}\ NaOH$ 溶液(新鲜配制),$0.01\,\mathrm{mol \cdot L^{-1}}\ CH_3COONa$ 溶液(新鲜配制),去离子水。

四、实验步骤

1. 调节电导率仪

电导率仪的使用见第二章第四节"一、电导和电导率"。

2. 不同温度下 κ_0、κ_t、κ_∞ 的测定

(1) 25℃时 κ_0、κ_t、κ_∞ 的测定

① κ_0 的测定

调节恒温槽，控制温度在 25℃±0.1℃，取一干燥、洁净的叉形电导池，用移液管加入 10mL 新配制的 0.02mol·L^{-1} NaOH 溶液和 10mL 去离子水，混合均匀后，置于恒温槽中。先用自来水冲洗铂黑电极，再用水将铂黑电极淋洗 3 次，再用待测液润洗电极，然后电极插入叉形电导池，以液面高于电极 1～2cm 为适。恒温 5～10min 后，测定其电导率，即为 25℃时的 κ_0。

② κ_∞ 的测定

将新鲜配制的 0.01mol·L^{-1} CH$_3$COONa 溶液 20mL 注入干燥、洁净的叉形电导池，先用自来水冲洗铂黑电极，接着用去离子水淋洗铂黑电极，其次用待测液润洗电极，然后将电极插入叉形电导池，以液面高于电极 1～2cm 为适。恒温 5～10min 后，测定其电导率，即为 25℃时的 κ_∞。

③ κ_t 的测定

a. 准备一个干燥、洁净的叉形电导池，用移液管取 10mL 0.02mol·L^{-1} NaOH 溶液，小心加入叉形电导池支管，溶液不能滴在直管内，然后用移液管取 10mL 0.02mol·L^{-1} CH$_3$COOC$_2$H$_5$ 溶液加入叉形电导池直管，将电极用去离子水淋洗，小心用滤纸将电极外挂的少量水吸干（不要碰着铂黑）后插入直管 A，用胶塞塞住叉形电导池。

b. 将叉形电导池放到恒温槽内恒温 5～10min，倾斜电导池，让支管内的溶液和直管内的溶液来回混合均匀，同时在开始混合时按下秒表，开始记录时间（注意秒表一经打开不能按停，直到该组实验结束）。

c. 由于该反应有热效应，开始反应时温度不稳定，影响电导率值。因此，第一个电导率数据可在反应进行到 6min 时读取，以后每隔 2min 测定一次，直至 60min。

（2）35℃时 κ_0、κ_t、κ_∞ 的测定

调节恒温槽的温度，控制在 35℃±0.1℃，重复上述测定 κ_0、κ_t、κ_∞ 步骤。

3. 结束

关闭电源，取出电极，将铂黑电极用去离子水淋洗干净，把叉形电导池洗净并干燥待用。

五、数据记录与处理

1. 列表记录实验数据。

室温：_____℃，大气压：_____Pa，恒温槽温度：_____℃。

t/min	κ_t/S·m^{-1}	$\kappa_0-\kappa_t$/S·m^{-1}	$\kappa_t-\kappa_\infty$/S·m^{-1}	$\dfrac{\kappa_0-\kappa_t}{\kappa_t-\kappa_\infty}$

2. 分别以 25℃、35℃时的 t-$\dfrac{\kappa_0-\kappa_t}{\kappa_t-\kappa_\infty}$ 作图，得一直线。

3. 由直线斜率计算 25℃、35℃时反应速率常数 k。

4. 由 298.2K、308.2K 所求出的 k(298.2K)、k(308.2K)，并计算该反应的活化能 E_a。

六、注意事项

1. 分别向叉形电导池直管、支管注入乙酸乙酯和氢氧化钠溶液时，一定要小心，严格

分开恒温。

2. 所用的溶液必须新鲜配制，而且必须使所用溶液氢氧化钠和乙酸乙酯浓度相等。

3. 混合反应开始时按下秒表计时，保证计时的连续性，直至实验结束停秒表。

4. 所用实验器材均需干燥。

七、思考题

1. 为什么实验用氢氧化钠和乙酸乙酯应新鲜配制？

2. 为何本实验要在恒温条件下进行，而且乙酸乙酯和氢氧化钠溶液在混合前还要预先恒温？

3. 被测溶液的电导率是哪些离子的贡献？反应进程中溶液的电导率为何会减少？

4. 为什么要使两种反应物的浓度相等？为什么说所配得的两种反应物的初始浓度应适当稀才好？

5. 本实验所测值是电导值还是电导率值，与所加溶液的量有关吗？

实验二十　旋光法测定蔗糖水解反应的速率常数

一、实验目的

1. 测定一定温度下蔗糖转化反应的速率常数和半衰期。

2. 掌握旋光仪的使用方法。

二、实验原理

蔗糖转化反应为：

$$C_{12}H_{22}O_{11} + H_2O \xrightarrow{H^+} C_6H_{12}O_6 + C_6H_{12}O_6$$

蔗糖(右旋)　　　　　　　葡萄糖(右旋) 果糖(左旋)

在纯水中此反应的速率极慢，为使水解反应加速，常以酸为催化剂，故反应在酸性介质中进行。由于反应中水是大量的，可以认为整个反应中水的浓度基本是恒定的。而 H^+ 是催化剂，其浓度也是固定的。所以，此反应可视为准一级反应。其动力学方程为

$$-\frac{dc}{dt} = kc \tag{20-1}$$

式中，k 为反应速率常数；c 为时间 t 时的反应物浓度。

将式(20-1) 积分得：　　　　　　　$\ln c = -kt + \ln c_0$ 　　　　　　(20-2)

式中，c_0 为反应物的初始浓度。

当 $c = \frac{1}{2}c_0$ 时，t 可用 $t_{1/2}$ 表示，即为反应的半衰期。由式(20-2) 可得：

$$t_{1/2} = \frac{\ln 2}{k} = \frac{0.693}{k} \tag{20-3}$$

由式(20-2) 可以看出，$\ln c$ 对 t 作图为一直线，直线的斜率为反应速率常数 k。若要直接测量不同时刻的反应物浓度非常困难，但蔗糖及水解产物均为旋光性物质。而且它们的旋光能

力不同，故可以利用体系在反应过程中旋光度的变化来衡量反应的进程。溶液的旋光度与溶液中所含旋光物质的种类、浓度、溶剂的性质、液层厚度、光源波长及温度等因素有关。

为了比较各种物质的旋光能力，引入比旋光度的概念。比旋光度可用下式表示：

$$[\alpha]_D^t = \frac{\alpha}{lc} \tag{20-4}$$

式中，t 为实验温度，℃；D 为光源波长；α 为旋光度；l 为液层厚度，cm；c 为溶液浓度，$kg\cdot m^{-3}$。

由式(20-4) 可知，当其他条件不变时，旋光度 α 与浓度 c 成正比。

即：

$$\alpha = Kc \tag{20-5}$$

式中，K 是一个与物质旋光能力、液层厚度、溶剂性质、光源波长、温度等因素有关的常数。

在蔗糖的水解反应中，反应物蔗糖是右旋性物质，其比旋光度 $[\alpha]_D^{20}=66.6°$，产物中葡萄糖也是右旋性物质，其比旋光度 $[\alpha]_D^{20}=52.5°$，而产物中的果糖则是左旋性物质，其比旋光度 $[\alpha]_D^{20}=-91.9°$。因此，随着水解反应的进行，右旋角不断减小，最后经过零点变成左旋。旋光度与浓度成正比，并且溶液的旋光度为各组成的旋光度之和。若反应时间为 0、t、∞ 时溶液的旋光度分别用 α_0、α_t、α_∞ 表示。

则：

$$\alpha_0 = K_反 c_0 \quad (t=0,表示蔗糖未转化) \tag{20-6}$$

$$\alpha_\infty = K_生 c_0 \quad (t=\infty,表示蔗糖已完全转化) \tag{20-7}$$

式(20-6) 和式(20-7) 中的 $K_反$ 和 $K_生$ 分别为反应物与产物的比例常数。

$$\alpha_t = K_反 c + K_生(c_0-c) \tag{20-8}$$

由式(20-6)~式(20-8)三式联立可以解得：

$$c_0 = \frac{\alpha_0-\alpha_\infty}{K_反-K_生} = K'(\alpha_0-\alpha_\infty) \tag{20-9}$$

$$c = \frac{\alpha_t-\alpha_\infty}{K_反-K_生} = K'(\alpha_t-\alpha_\infty) \tag{20-10}$$

将式(20-9)和式(20-10)两式代入式(20-2) 即得：

$$\ln(\alpha_t-\alpha_\infty) = -kt + \ln(\alpha_0-\alpha_\infty) \tag{20-11}$$

由式(20-11) 可见，以 $\ln(\alpha_t-\alpha_\infty)$ 对 t 作图为一直线，由该直线的斜率即可求得反应速率常数 k，进而可求得半衰期 $t_{1/2}$。

对一级反应，因速率常数与反应物起始浓度无关，反应速率常数的测定可以从任一时刻开始。

温度对化学反应速率的影响常用阿仑尼乌斯（Arrhenius）方程描述：

$$\frac{d\ln k}{dT} = \frac{E_a}{RT^2} \tag{20-12}$$

积分形式：

$$\ln k = -\frac{E_a}{RT} + 常数 \tag{20-13}$$

测定不同温度下的 k 值，作 $\ln k$ 对 $1/T$ 图可得一直线，从直线斜率求算反应活化能 E_a。

三、仪器与试剂

旋光仪 1 台，恒温旋光管 1 只，恒温水槽 1 套，台秤 1 台，秒表 1 块，150mL 烧杯 1

个，25mL 移液管 2 只，100mL 带塞锥形瓶 2 只。

2.0mol·L^{-1} HCl 溶液，蔗糖（分析纯）。

四、实验步骤

1. 旋光仪的使用方法见第二章第五节"三、旋光仪"。

2. 开启旋光仪，预热 20 分钟。

3. 调节恒温槽，将两个恒温槽的温度分别控制在 25℃±0.1℃ 和 60℃±0.1℃。

4. 称取 20g 左右的固体蔗糖，将其倒入 150mL 烧杯中，量取 80mL 蒸馏水将蔗糖完全溶解，配制成浓度为 20% 的溶液，备用。

5. 取两支 25mL 移液管，移取 20% 蔗糖溶液 50mL 和 2.0mol·L^{-1} HCl 溶液 50mL，分别置于两个锥形瓶中（此时不混合），塞上塞子，放置在 25℃ 恒温水浴中 5~10 分钟，待用。

6. 旋光仪零点校正

蒸馏水为非旋光物质，可用它校正仪器的零点。洗净旋光管，旋光管两端的玻璃片用镜头纸擦净，将旋光管的一端盖子旋紧，由另一端加入蒸馏水，然后旋紧套盖，不要过紧，以不漏水、管内无气泡为准。用滤纸将旋光管外部擦干，放入旋光仪中，盖上槽盖，调节目镜使视野清晰，调节方法见图 20-1 [调节视度螺旋至视场中三分视界清晰如（a）或（b），转动度盘手轮，至视场照度相一致（暗视场）时止，读数（如右下图）]（本实验可以不校正零点）。

7. α_t 的测定

从恒温水浴中取出锥形瓶迅速将盐酸溶液倒入蔗糖溶液中，并混合均匀，同时开始计时（作为反应开始的时间）。用少量的混合液润洗旋光管 2~3 次后，将混合液加入旋光管内，将旋光管外壁和两端的玻璃片擦干后置于旋光仪中，开始测量旋光度。以开始时刻为 t_0，每隔 2 分钟读数 1 次，20 分钟后每隔 3 分钟读数 1 次，再读 7 个数据即可。注意：剩余的溶液仍保留在锥形瓶中，用塞子塞好置于 60℃ 的恒温水浴中，待测定 α_∞ 时使用，测完一个时间点数据后将该旋光管置于 25℃ 恒温水浴中继续恒温，每隔一定时间测一次旋光度 α_t。

8. α_∞ 的测定

将上述在 60℃ 的恒温水浴中恒温的锥形瓶取出（可认为蔗糖水解完全），放置在 25℃ 的恒温水浴中恒温 5~10 分钟后，测定其旋光度值，即为 25℃ 时的 α_∞ 值。

9. 同步骤 5、7、8 测量 35℃ 条件下的不同反应时间所对应的旋光度。

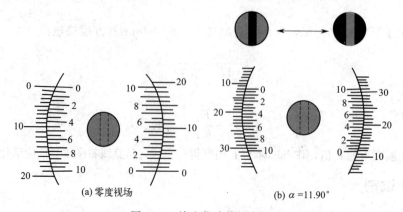

(a) 零度视场　　　　(b) $\alpha = 11.90°$

图 20-1　旋光仪读数示意图

五、数据记录与处理

1. 将实验数据填入下表。

室温：_____℃，大气压：_____Pa，$c(HCl)$：_____$mol \cdot L^{-1}$，

恒温槽温度：_____℃，α_∞：_____。

t/min	2	4	6	8	10	12	14	16	18	…
α_t										
$\alpha_t - \alpha_\infty$										
$\ln(\alpha_0 - \alpha_\infty)$										

2. 以 $\ln(\alpha_t - \alpha_\infty)$ 对 t 作图，由直线斜率求反应速率常数 k，由截距求 α_0，并计算反应的半衰期。

3. 计算蔗糖水解反应的半衰期 $t_{1/2}$。

4. 根据实验测得的 $k(T_1)$ 和 $k(T_2)$，利用阿仑尼乌斯公式计算反应的平均活化能 E_a。

六、注意事项

1. 装样品时，旋光管管盖旋至不漏液体即可，不要用力过猛，以免压碎玻璃片。

2. 在测定 α_∞ 时，通过加热使反应速率加快转化完全。加热温度不要超过 60℃。

3. 由于酸对仪器有腐蚀，操作时应特别注意，避免酸液滴漏到仪器上。实验结束后必须将旋光管洗净。

4. 旋光仪中的钠光灯不宜开启超过 4 小时，使用时间较长时，中间应熄灭 10～15 分钟，待钠光灯冷却后再继续使用。

七、思考题

1. 配制蔗糖溶液时称量不够准确，对测量结果 k 有无影响？取用盐酸的体积不准呢？

2. 测定最终旋光度时为了加快蔗糖水解进程，采用 60℃左右的恒温使反应进行到底，为什么不能采用更高的温度进行恒温？

3. 在旋光度的测量中，为什么要对零点进行校正？在本实验中若不进行校正，对结果是否有影响？

4. 记录反应开始的时间晚了一些，是否会影响到 k 值的测定？为什么？

实验二十一 过氧化氢催化分解反应速率常数的测定

一、实验目的

1. 了解温度和催化剂等因素对一级反应速率常数的影响。

2. 测定过氧化氢分解反应的速率常数和半衰期。

3. 学会使用量气管法测定反应速率。

4. 掌握用图解法求一级反应的速率常数。

二、实验原理

过氧化氢是很不稳定的化合物，在没有催化剂作用时也能分解，但分解速率很慢。当加入催化剂时能促进 H_2O_2 较快分解，分解反应按下式进行：

$$H_2O_2 \longrightarrow H_2O + \frac{1}{2}O_2 \tag{21-1}$$

在催化剂 KI 作用下，H_2O_2 分解反应的机理为

$$第一步： H_2O_2 + KI \longrightarrow KIO + H_2O \quad （慢） \tag{21-2}$$

$$第二步： KIO \longrightarrow KI + \frac{1}{2}O_2 \quad （快） \tag{21-3}$$

由于第一步是一个慢反应，所以整个分解反应的速率由这个慢反应的速率决定，反应速率用 H_2O_2 的分解速率表示。

H_2O_2 分解反应速率为：

$$r = -\frac{dc(H_2O_2)}{dt}$$

反应速率方程为：

$$\frac{dc(H_2O_2)}{dt} = k'c(H_2O_2)c(KI) \tag{21-4}$$

KI 在反应中不断产生，其浓度近似不变，这样式(21-4)可简化为：

$$-\frac{dc(H_2O_2)}{dt} = kc(H_2O_2) \tag{21-5}$$

其中，$k = k'c(KI)$，k 与催化剂浓度成正比。

由式(21-5)看出 H_2O_2 催化分解为一级反应，积分式(21-5)得：

$$\ln\frac{c}{c_0} = -kt \tag{21-6}$$

式中，c_0 为 H_2O_2 的初始浓度；c 为 t 时刻 H_2O_2 的浓度。

一级反应半衰期 $t_{1/2}$ 为：

$$t_{1/2} = \frac{\ln2}{k} = \frac{0.693}{k} \tag{21-7}$$

可见一级反应的半衰期与起始浓度无关，与反应速率常数成反比。

本实验通过测定 H_2O_2 分解时放出 O_2 的体积来求反应速率常数 k。从 $H_2O_2 \longrightarrow H_2O + \frac{1}{2}O_2$ 中可以看出在一定温度、一定压力下反应所产生的氧气体积 V 与消耗的过氧化氢的浓度成正比，完全分解时放出的氧气体积 V_∞ 与过氧化氢溶液初始浓度 c_0 成正比，其比例常数为定值，则可以得到 $c_0 \propto V_\infty$ 和 $c \propto (V_\infty - V_t)$，代入式(21-6)得：

$$\ln\frac{V_\infty}{V_\infty - V_t} = kt \tag{21-8}$$

改写成直线方程式：

$$\ln\frac{V_\infty - V_t}{[V]} = -kt + \ln\frac{V_\infty}{[V]} \tag{21-9}$$

式中，$[V]$ 为体积 V 的量纲，以 $\ln[(V_\infty - V)/[V]]$ 对 t 作图，得一条直线，从斜率即

可求出反应速率常数 k。

如求反应的表观活化能 E_a，则通过测定不同温度下反应速率常数，根据阿仑尼乌斯（Arrhenius）经验方程：

$$\ln k = -\frac{E_a}{RT} + C \qquad (21\text{-}10)$$

以 $\ln k$ 对 $1/T$ 作图得一直线，从其斜率（$-E_a/R$）即可求得表观活化能 E_a。

三、仪器与试剂

仪器装置（如图 21-1 所示），皂膜流量计 1 套，250mL 锥形瓶 1 个，5mL 移液管 2 支，10mL 小塑料烧杯 1 个，镊子一把。

3%过氧化氢溶液（现配），$0.1 mol \cdot L^{-1}$ KI 标准溶液。

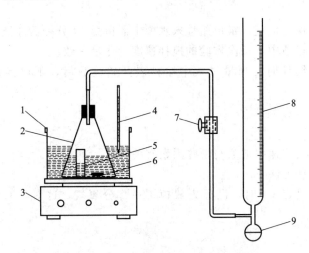

图 21-1 过氧化氢分解速率测定装置

1—水浴槽；2—锥形瓶；3—电磁搅拌器；4—温度计（0~50℃）；5—小塑料瓶；

6—搅拌子；7—旋塞；8—皂膜流量计；9—乳胶滴头

四、实验步骤

1. 按图 21-1 安装好量气装置，调节磁力搅拌装置温度为 25℃±0.1℃，皂膜流量计使用前压出皂膜润湿管内壁，以防止实验过程中皂膜破裂。

2. 在洗净烘干的锥形瓶内，加入 $0.1 mol \cdot L^{-1}$ 的 KI 溶液 5mL 和蒸馏水 5mL，另外移取 3%的 H_2O_2 溶液 5mL 于小塑料烧杯中，用镊子将小塑料烧杯轻轻立于锥形瓶内，放入搅拌子，塞紧塞子，关闭阀门，在流量计管下部压出皂膜备用，记录皂膜的起始位置 H_0。

3. 打开磁力搅拌器，将锥形瓶中的塑料瓶碰倒，并调节转速恒定。同时开启秒表，将阀门打开，使放出的氧气进入皂膜流量计。每隔 2 分钟记录皂膜到达的位置 H_t，共 8~12 次，则 $V_t = H_t - H_0$。

4. 至锥形瓶中无小气泡产生，皂膜位置不再变化时可认为分解反应基本完成，记下皂膜位置即为 H_∞，则 $V_\infty = H_\infty - H_0$。

五、数据记录与处理

1. 数据记录

室温：_____℃，大气压：_____ Pa，V_∞：_____ mL。

t/min	H_t/mL	V_t/mL	$(V_\infty - V_t)$/mL	$\ln(V_\infty - V_t)$/mL

2. 以 $\ln(V_\infty - V_t)$ 对 t 作图，由直线的斜率计算反应速率常数 k（作图求斜率时，取氧气析出 $15\% \sim 85\%$ 之间的点），计算 H_2O_2 分解反应的半衰期。

3. 以 $\ln k$ 对 $1/T$ 作图，求其活化能。

六、注意事项

1. 水浴槽温度应保持恒定，锥形瓶移入水槽中需恒温 10 分钟后才能开始实验。

2. 搅拌速度要平稳适中，每次实验的搅拌速度应尽量一致。

3. 时间记录需连续计时，测量过程中按秒表开始读数后，不可停止秒表，直至实验结束。

七、思考题

1. 根据实验讨论反应速率常数与哪些因素有关？

2. 检查漏气有哪些方法？

3. 若实验在实验测定 V_0 时，已经先放掉了一部分氧气，这对实验结果有无影响？为什么？

八、讨论

1. 本实验通过测量不同时刻 H_2O_2 分解放出的氧气体积间接地求出 H_2O_2 在相应时刻的浓度。这种不直接测量参与化学反应的某物质的浓度或含量，而是通过测量反应系统的物理性质（如质量、热量、压力、体积、电导、电势、旋光度、黏度和磁化率等）间接地求算出该物质的浓度，从而得出化学动力学速率方程的方法称为物理法。在化学动力学实验中，除了物理法外还存在许多方法，如化学法、流动法、弛豫法等。在实验中具体选择何种方法要根据待研究的反应系统的具体特点而定。

2. 本实验主要考虑了温度、催化剂的浓度对化学反应速率的影响。事实上，除了以上因素以外，反应物的浓度、搅拌速率等因素也可改变反应速率。同时能加速 H_2O_2 分解的除了 KI 以外，还有 Pt、Ag、MnO_2、$FeCl_3$ 等，而且它们对 H_2O_2 分解反应的催化性能也不相同，学生可自行设计实验研究上述各种影响因素。

实验二十二　丙酮碘化反应速率常数的测定

一、实验目的

1. 掌握用分光光度法测定酸作催化剂时丙酮碘化反应的速率常数及活化能。

2．初步认识复杂反应机理，了解复杂反应表观速率常数的求算方法。

3．掌握分光光度计的使用方法。

二、实验原理

只有少数化学反应是由一个基元反应组成的简单反应，大多数化学反应并不是简单反应，而是由若干个基元反应组成的复合反应。大多数复合反应的反应速率和反应物浓度间的关系，不能用质量作用定律表示。因此实验测定反应速率与反应物或产物浓度间的关系，即测定反应对各组分的分级数，从而得到复合反应的速率方程，这是研究反应动力学的重要内容。

实验测定表明，丙酮与碘在较稀的中性水溶液中反应很慢。在强酸（如盐酸）条件下，该反应进行得相当快，但强酸的中性盐不增加该反应的反应速率。在弱酸（如醋酸）条件下，对加快反应速率的影响不如强酸（如盐酸）。

酸性溶液中，丙酮碘化反应是一个复合反应，其反应式为：

$$\underset{A}{CH_3-\overset{\overset{O}{\|}}{C}-CH_3}+I_2 \underset{H^+}{\rightleftharpoons} \underset{E}{CH_3-\overset{\overset{O}{\|}}{C}-CH_2I}+I^-+H^+ \tag{22-1}$$

一般认为该反应按以下两步进行：

$$\underset{A}{CH_3-\overset{\overset{O}{\|}}{C}-CH_3} \underset{H^+}{\rightleftharpoons} \underset{B}{CH_3-\overset{\overset{OH}{\|}}{C}=CH_2} \tag{22-2}$$

$$\underset{B}{CH_3-\overset{\overset{OH}{\|}}{C}=CH_2}+I_2 \longrightarrow \underset{E}{CH_3-\overset{\overset{O}{\|}}{C}-CH_2I}+I^-+H^+ \tag{22-3}$$

式（22-2）是丙酮的烯醇化反应，它是一个很慢的可逆反应，式（22-3）是烯醇的碘化反应，它是一个快速且趋于进行到底的反应。因此，丙酮碘化反应的总速率是由丙酮的烯醇化反应的速率决定，丙酮的烯醇化反应的速率取决于丙酮及氢离子的浓度，如果以碘化丙酮浓度的增加来表示丙酮碘化反应的速率，则此反应的动力学方程式可表示为：

$$\frac{dc_E}{dt}=kc_A c_{H^+} \tag{22-4}$$

式中，c_E 为碘化丙酮的浓度；c_{H^+} 为氢离子的浓度；c_A 为丙酮的浓度；k 表示丙酮碘化反应总的速率常数。

由反应（22-3）可知：

$$\frac{dc_E}{dt}=-\frac{dc_{I_2}}{dt} \tag{22-5}$$

因此，如果测得反应过程中各时刻碘的浓度，就可以求出 dc_E/dt。由于碘在可见光区有一个比较宽的吸收带，所以可利用分光光度计来测定丙酮碘化反应过程中碘的浓度，从而求出反应的速率常数。若在反应过程中，丙酮的浓度远大于碘的浓度且催化剂酸的浓度也足够大时，则可把丙酮和酸的浓度看作不变，把式（22-4）代入式（22-5）积分得：

$$c_E=c_{I_2}=-kc_A c_{H^+} t+B \tag{22-6}$$

按照朗伯-比耳（Lambert-Beer）定律，某指定波长的光通过碘溶液后的光强为 I，通过蒸馏水后的光强为 I_0，则透光率可表示为：

$$T = \frac{I}{I_0} \tag{22-7}$$

并且透光率与碘的浓度之间的关系可表示为：

$$\lg T = -\varepsilon l c_{I_2} \tag{22-8}$$

式中，T 为透光率；l 为比色槽的光径长度；ε 是取以 10 为底的对数时的摩尔吸光系数。

将式（22-6）代入式（22-8）得：

$$\lg T = k\varepsilon l c_A c_{H^+} t + B' \tag{22-9}$$

令 $k\varepsilon l c_A c_{H^+} = K$，则由 $\lg T$ 对 t 作图可得一直线，直线的斜率为 K。式中 εl 可通过测定已知浓度的碘溶液的透光率，由式（22-8）求得，当 c_A 与 c_{H^+} 浓度已知时，只要测出不同时刻丙酮、酸、碘的混合液对指定波长的透光率，就可以利用式（22-9）求出反应的总速率常数 k。

由两个或两个以上温度的速率常数，就可以根据阿仑尼乌斯（Arrhenius）关系式计算反应的活化能。

$$E_a = 2.303R \frac{T_1 T_2}{T_2 - T_1} \lg \frac{k_2}{k_1}$$

或

$$E_a = \frac{RT_1 T_2}{T_2 - T_1} \ln \frac{k_2}{k_1} \tag{22-10}$$

为了验证上述反应机理，可以进行反应级数的测定。根据总反应方程式，可建立如下关系式：

$$v = \frac{dc_E}{dt} = k c_A^\alpha c_{H^+}^\beta c_{I_2}^\gamma \tag{22-11}$$

式中，α、β、γ 分别表示丙酮、氢离子和碘的反应级数。若保持氢离子和碘的起始浓度不变，只改变丙酮的起始浓度，分别测定在同一温度下的反应速率，则：

$$\frac{v_2}{v_1} = \left[\frac{c_A(2)}{c_A(1)}\right]^\alpha, \quad \alpha = \lg \frac{v_2}{v_1} \div \lg \left[\frac{c_A(2)}{c_A(1)}\right] \tag{22-12}$$

同理可求出 β、γ，

$$\beta = \lg \left[\frac{v_3}{v_1}\right] \div \lg \left[\frac{c_{H^+}(2)}{c_{H^+}(1)}\right], \gamma = \lg \left(\frac{v_4}{v_1}\right) \div \lg \left[\frac{c_A(2)}{c_A(1)}\right] \tag{22-13}$$

三、仪器与试剂

722S 型分光光度计 1 套，超级恒温槽 1 台，50mL 容量瓶 4 只，带有恒温夹层的比色皿 1 个，10mL 移液管 3 只，秒表 1 块。

0.03mol·L^{-1} 碘溶液（含 4％KI），1.0mol·L^{-1} 盐酸标准溶液，2.0mol·L^{-1} 丙酮溶液。

四、实验步骤

1. 722S 分光光度计的使用方法见第二章第五节"一、可见分光光度计"。

2. 实验准备

（1）恒温槽恒温 25.0℃±0.1℃ 或 30.0℃±0.1℃。

（2）开启分光光度计，预热 30 分钟。

（3）取四个洁净的 50mL 容量瓶，第一个装满蒸馏水，第二个用移液管移入 5mL 碘溶液，用蒸馏水稀释至刻度，第三个用移液管移入 5mL 碘溶液和 5mL 盐酸溶液，第四个先加入少许蒸馏水，再加入 5mL 丙酮溶液，然后将四个容量瓶放在恒温槽中恒温备用。

3. 调整分光光度计

在"透光率"功能下，波长调在 565nm 处，把盛有蒸馏水的比色皿放入光路中，打开分光光度计箱盖，使透光率显示为"0"，盖上分光光度计箱盖，透光率显示为"100"，然后将比色皿取出，倒出蒸馏水。

4. 测量 εl 值

取恒温好的碘溶液注入恒温比色皿中，在 25.0℃±0.1℃ 时，置于光路中，测其透光率。

5. 测定丙酮碘化反应的速率常数

将恒温的丙酮溶液倒入盛有酸和碘混合液的容量瓶中，用恒温好的蒸馏水洗涤盛有丙酮的容量瓶 3 次，洗涤液倒入盛有混合液的容量瓶中，最后用蒸馏水稀释至刻度，混合均匀，倒入比色皿少许，洗涤三次倾出，然后再装入比色皿，用擦镜纸擦去残液，置于光路中，测定透光率，并同时开启秒表，以后每隔 3 分钟读一次透光率，直到光点指在透光率 100% 为止。

6. 测定各反应物的反应级数

各反应物的用量见表 22-1，测定方法同步骤 5，温度仍为 25.0℃±0.1℃。

表 22-1　各反应物的用量

编号	2.0mol·L⁻¹丙酮溶液/mL	1.0mol·L⁻¹盐酸溶液/mL	0.03mol·L⁻¹碘溶液/mL
1	10	5	5
2	5	10	5
3	5	5	2.5

7. 将恒温槽的温度升高到 35.0℃±0.1℃，重复上述操作步骤 2（3）、3、4、5，但测定时间应相应缩短，可改为 2 分钟记录一次。

五、数据记录与处理

1. 把实验数据填入下表：

c_{I_2}：＿＿＿＿＿ ，T：＿＿＿＿＿ ，$\lg T$：＿＿＿＿＿ ，εl：＿＿＿＿＿ 。

时间/min	透光率 T		$\lg T$	
	25.0℃	35.0℃	25.0℃	35.0℃

2. 将 $\lg T$ 对时间 t 作图，得一直线，从直线的斜率，可求出反应的速率常数。

3. 利用 25.0℃ 及 35.0℃ 时的 k 值求丙酮碘化反应的活化能。

4. 由实验步骤 5、6 中测得的数据，分别以 $\ln T$ 对 t 作图，得到 4 条直线。求出各直线斜率，即为不同起始浓度时的反应速率，代入式（22-10）和式（22-11）可求出 α、β、γ。

六、注意事项

1. 温度影响反应速率常数，实验时体系始终要恒温。

2. 混合反应溶液时操作必须迅速准确。

3. 比色皿的位置不得变化。

4. 式(22-9)直线的斜率与 c_A 和 c_{H^+} 有关,因此需准确配制溶液的浓度。

七、思考题

1. 本实验中,是将丙酮溶液加到盐酸和碘的混合液中,但没有立即计时,而是当混合物稀释至 50mL,摇匀,倒入恒温比色皿测透光率时才开始计时,这样做是否影响实验结果?为什么?

2. 影响本实验结果的主要因素是什么?

3. 丙酮碘化反应每人记录的反应起始时间各不相同,这对所测反应速率常数有何影响?为什么?

4. 对丙酮碘化反应实验,为什么要固定入射光的波长?

5. 配制丙酮碘化反应液时,把碘与丙酮放在同一瓶中恒温,而盐酸在另一瓶中恒温再混合测定它,可以吗?为什么?

6. 丙酮碘化反应中,$\ln T$ 对 t 作图应为直线,但常发现反应初期往往偏离直线,为什么?

八、实验讨论

虽然在反应(22-1)和反应(22-2)中,从表观上看除碘外没有其他物质吸收可见光,但实际上反应体系中却还存在着一个次要反应,即在溶液中存在着 I_2、I^- 和 I_3^- 的平衡:

$$I_2 + I^- \Longleftrightarrow I_3^- \tag{22-14}$$

其中,I_2 和 I_3^- 都吸收可见光。因此反应体系的吸光度不仅取决于 I_2 的浓度,而且与 I_3^- 的浓度有关。根据朗伯-比耳定律可知,在含有 I_3^- 和 I_2 的溶液的总吸光度 A 可以表示为 I_3^- 和 I_2 两部分吸光度之和

$$A = A_{I_2} + A_{I_3^-} = \varepsilon_{I_2} l c_{I_2} + \varepsilon_{I_3^-} l c_{I_3^-} \tag{22-15}$$

而摩尔吸光系数 ε_{I_2} 和 $\varepsilon_{I_3^-}$ 是入射光波长的函数。在特定条件下,即波长 $\lambda = 565\text{nm}$ 时,$\varepsilon_{I_2} = \varepsilon_{I_3^-}$,所以式(22-15)就可变为

$$A = \varepsilon_{I_2} l (c_{I_2} + c_{I_3^-}) \tag{22-16}$$

也就是说,在 565nm 这一特定的波长条件下,溶液的总吸光度 A 与总碘量($I_2 + I_3^-$)成正比。因此常数 εl 就可以由测定已知浓度碘溶液的总吸光度 A 来求出。所以本实验必须选择工作波长为 565nm。

第六章

表面性质与胶体化学实验

实验二十三　溶液吸附法测定固体比表面积

一、实验目的

1. 用溶液吸附法测定颗粒活性炭的比表面积。
2. 了解溶液吸附法测定比表面积的基本原理。
3. 了解分光光度计的基本原理并掌握其使用方法。

二、实验原理

比表面（积）是指单位质量（或单位体积）的物质所具有的表面积，是粉末及多孔物质的一个重要特性参数，其数值与分散粒子大小有关。测定固体物质比表面的方法很多，常用的有 BET 低温吸附法、电子显微镜法和气相色谱法等，不过这些方法都需要复杂的装置或较长的时间。而溶液吸附法测定固体比表面，仪器简单，操作方便，还可以同时测定多个样品，因此常被采用，但溶液吸附法测定结果误差一般为 10％左右。

活性炭是用途广泛的吸附剂，可用于气体吸附，也可用于溶液中某种物质的吸附。活性炭在水溶液中对不同吸附质有不同的吸附能力，根据这种吸附作用的选择性，在实验室和工业上有广泛应用。

水溶性染料的吸附已广泛应用于固体物质比表面的测定。在所有染料中，亚甲基蓝具有最大的吸附倾向。研究表明：在大多数固体上，亚甲基蓝吸附都是单分子层，即符合朗格缪尔型吸附。但当原始溶液浓度较高时，会出现多分子层吸附，而如果吸附平衡后溶液浓度过低，则吸附又不能达到饱和，因此，原始溶液的浓度以及吸附平衡后的溶液浓度应选在适当的范围内。本实验原始溶液浓度为 0.2％左右，平衡溶液浓度不小于 0.1％。

根据朗格缪尔单分子层吸附理论，当亚甲基蓝与活性炭达到吸附饱和后，吸附与脱吸附处于动态平衡，这时亚甲基蓝分子铺满整个活性粒子表面而不留下空位。此时吸附剂活性炭的比表面可按下式计算：

$$S_0 = \frac{(c_0 - c)G}{m} \times 2.45 \times 10^6 \tag{23-1}$$

式中，S_0 为比表面，$m^2 \cdot kg^{-1}$；c_0 为原始溶液的浓度；c 为平衡溶液的浓度；G 为溶液的加入量，kg；m 为吸附剂试样的质量，kg；2.45×10^6 是 1kg 亚甲基蓝可覆盖活性炭样品的面积，$m^2 \cdot kg^{-1}$。

根据实验结果推算，在单层吸附的情况下，1mg 亚甲基蓝覆盖的面积可按 $2.45m^2$ 计算。

根据光吸收定律，当入射光为一定波长的单色光时，某溶液的吸光度与溶液中有色物质的浓度及溶液的厚度成正比，即

$$A = \lg \frac{I_0}{I} = klc \tag{23-2}$$

式中，A 为吸光度；I 为透射光强度；I_0 为入射光强度；k 为吸收系数；c 为溶液浓度；l 为溶液的光径长度。

一般来说，光的吸收定律能适用于任何波长的单色光，但对于一个指定的溶液，在不同的波长下测定的吸光度不同。如果把波长 λ 对吸光度 A 作图，可得到溶液的吸收曲线，如图 23-1 所示。

为了提高测量的灵敏度，工作波长应选择在吸光度 A 值最大时所对应的波长，对于亚甲基蓝，本实验所用的工作波长为 665nm。

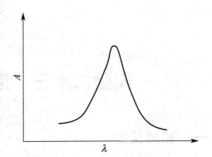

图 23-1　溶液的吸收曲线

本实验首先测定一系列已知浓度的亚甲基蓝溶液的吸光度，绘制出 A-c 工作曲线，然后测定亚甲基蓝原始溶液及平衡溶液的吸光度，再在 A-c 曲线上查得对应的浓度值，代入式(23-1) 计算比表面。

三、仪器与试剂

722S 型分光光度计及其附件 1 套，水浴振荡器 1 台，100mL 容量瓶 5 个，250mL 带塞磨口锥形瓶 2 个，50mL 移液管 1 个，5mL 移液管 1 个，5mL 刻度移液管 1 个。

亚甲基蓝溶液（0.2％原始溶液，0.01％标准溶液），颗粒活性炭（非石墨型）。

四、试验步骤

1. 722S 型分光光度计的使用方法见第二章第五节"一、可见分光光度计"。

2. 活化样品

将颗粒活性炭置于坩埚中，放入马弗炉内，500℃下活化 1 小时（或在真空烘箱中 300℃下活化 1 小时），然后放入干燥器中备用。

3. 制备待测液

取两只带塞磨口锥形瓶，分别加入准确称量过的约 0.2g 的活性炭（两份尽量平行），再分别加入 50g（50mL）0.2％的亚甲基蓝溶液，盖上磨口塞，然后放在振荡器上振荡 3 小时，即为配制好的平衡溶液，另一份放置 24 小时，认为吸附达到平衡，比较两个测定结果。

4. 配制亚甲基蓝标准溶液

用移液管分别量取 3mL、5mL、8mL、11mL 0.01％标准亚甲基蓝溶液，置于 100mL 容量瓶中，用蒸馏水稀释至 100mL，即得到 3×10^{-6}、5×10^{-6}、8×10^{-6}、11×10^{-6} 四种浓度的标准溶液。

5. 选择工作波长

对于亚甲基蓝溶液，吸附波长应选择 665nm，由于各台分光光度计波长略有差别，所以，实验者应自行选取工作波长。用 3×10^{-6} 标准溶液在 600～700nm 范围测量吸光度，以吸光度最大时的波长作为工作波长。

6. 3 小时平衡溶液处理

取吸附后平衡溶液 5mL，放入离心管高速离心 5 分钟，得到澄清的上层溶液。取上清液约 0.3～0.5mL 放入 100mL 容量瓶中，用蒸馏水稀释至刻度。

7. 24 小时平衡溶液处理

样品处理和配制方法同实验步骤 6。

8. 原始溶液处理

样品处理方法同实验步骤 6，取与 3 小时平衡溶液相同体积的原始溶液，放入 100mL 容量瓶中，用蒸馏水稀释至刻度。

9. 测量溶液吸光度

以蒸馏水为空白溶液，分别测量 3×10^{-6}、5×10^{-6}、8×10^{-6}、11×10^{-6} 4 种浓度的标准溶液以及稀释后的原始溶液和平衡溶液的吸光度。每个样品需测得三个有效数据，然后取平均值。

五、数据处理

1. 按表 23-1 所示记录数据。

表 23-1　不同浓度的亚甲基蓝溶液的吸光度

亚甲基蓝溶液	吸光度（A）			
	1	2	3	平均
3×10^{-6} 标准溶液				
5×10^{-6} 标准溶液				
8×10^{-6} 标准溶液				
11×10^{-6} 标准溶液				
亚甲基蓝原始溶液				
3h 达到吸附平衡后亚甲基蓝溶液				
24h 达到吸附平衡后亚甲基蓝溶液				

2. 制作工作曲线，将 3×10^{-6}、5×10^{-6}、8×10^{-6}、11×10^{-6} 4 种浓度的标准溶液的吸光度对溶液浓度作图，即得工作曲线。

3. 求亚甲基蓝原始溶液浓度 c_0 及 24h 平衡后溶液浓度 c。

可由实验测得的亚甲基蓝原始溶液和吸附达到平衡后溶液的吸光度，从工作曲线上查得对应的溶液浓度 c_0 和 c。

4. 根据式(23-1)计算活性炭的比表面。

六、注意事项

1. 测定溶液吸光度时，需用擦镜纸轻轻擦干比色皿外部，以保持比色皿外部干燥。

2. 测定原始溶液和平衡溶液的吸光度时，应把稀释后的溶液摇匀再测。

3. 活性炭颗粒要均匀，且两份称重应尽量接近。

七、思考题

1. 为什么亚甲基蓝原始溶液浓度要选在 0.2% 左右，吸附后的亚甲基蓝溶液浓度要在 0.1% 左右？若吸附后溶液浓度太低，在实验操作方面应如何改动？

2. 如何才能加快吸附平衡的速率？

3. 吸附作用与哪些因素有关？

实验二十四　BET 容量法测定固体比表面积

一、实验目的

1. 掌握用 BET 容量法测定硅胶的比表面积。

2. 了解 BET 多分子层吸附理论的基本假设和 BET 二常数公式的应用。

3. 了解气体在固体表面物理吸附的基本概念。

二、实验原理

暴露于气体中的固体，其表面上气体分子浓度会高于气相中的浓度，这种气体分子在相界面上自动聚集的现象称为吸附。通常把起吸附作用的物质叫做吸附剂，被吸附剂吸附的物质叫吸附质。吸附剂对吸附质吸附能力的大小由吸附剂、吸附质的性质、温度和压力决定。

按照吸附剂和吸附质相互作用的不同，吸附可分为物理吸附和化学吸附，BET 法测定固体比表面基于物理吸附。物理吸附由范德华力产生，可类比为凝聚现象，化学吸附通过化学键形成。

吸附量是描述吸附能力大小的重要物理量，通常用单位质量（或单位表面积）吸附剂在一定温度下吸附达到平衡时所吸附的吸附质的体积（或质量、物质的量等）来表示。对于一定化学组成的吸附剂，其吸附能力的大小还与其表面积的大小、孔的大小及分布、制备和处理条件等因素有关。一般应用的吸附剂都是多孔的，这种吸附剂的表面积主要由孔内的面积（内面积）所决定。1g 固体所具有的表面积称为比表面。比表面和孔径大小及分布是描述吸附剂的重要宏观结构参数。

测定固体比表面的基本设想是测出在 1g 吸附剂表面上某吸附质分子铺满 1 层所需的分子数，再乘以该种物质每个分子所占的面积，即为该固体的比表面。因而，比表面的测定实质上是求出某种吸附质的单分子层饱和吸附量。

测定吸附量的一般原则是在一定的温度下将一定量的吸附剂置于吸附质气体中，达到吸附平衡后根据吸附前后气体体积和压力的变化或直接称量的结果计算吸附量。其中容量法是在精确测定过体积的真空体系中装入一定量的吸附剂，引入气体，在一定温度下达到吸附平衡，根据气体压力因吸附而产生的变化计算吸附量。

对于一定的吸附剂和吸附质，在指定温度下吸附量与气体平衡压力的关系曲线称为吸附等温线。吸附等温线有多种类型，描述等温线的方程称为吸附等温式（方程）。BET 方程是多分子层吸附理论中应用最广泛的等温式。

BET 理论的基本假设是：吸附剂表面是均匀的，吸附质分子间没有相互作用，吸附可以是多分子层的，第二层以上的吸附热等于吸附质的液化热。由这些假设出发可推导出 BET 二常数公式：

$$\frac{p}{V(p_0-p)}=\frac{1}{V_\mathrm{m}C}+\frac{(C-1)p}{V_\mathrm{m}Cp_0} \tag{24-1}$$

式中，V 是在气体平衡压力为 p 时的吸附量；V_m 是单分子层饱和吸附量；p_0 是在吸附温度下的吸附质气体的饱和蒸气压；C 是与吸附热有关的常数。

显然，若实验结果服从 BET 方程，则根据测定结果以 $\frac{p}{V(p_0-p)}$ 对 $\frac{p}{p_0}$ 作图可得一直线，由该直线的斜率和截距可求出 V_m。

$$V_\mathrm{m}=\frac{1}{斜率+截距} \tag{24-2}$$

若 V_m 以标准状态下的体积（mL）度量，则比表面 S 为

$$S=\frac{V_\mathrm{m}N_\mathrm{A}\sigma}{22400m} \tag{24-3}$$

式中，N_A 是阿伏伽德罗常数；σ 是一个吸附质分子的截面积；m 是吸附剂质量，g；22400 是标准状态下 1mol 气体的体积，mL。

吸附质分子的截面积可由多种方法求出，其中应用较多的是利用下式计算，

$$\sigma=1.09\left(\frac{M}{N_\mathrm{A}d}\right)^{2/3} \tag{24-4}$$

式中，M 为吸附质的分子量；d 为在吸附温度下吸附质的密度。对于氮气，在液氮温度 78K 时 σ 常取的值是 $0.162\mathrm{nm}^2$（$16.2\times10^{-20}\mathrm{m}^2$）（$16.2\mathrm{Å}^2$）。

BET 二常数公式的应用范围是 $\frac{p}{p_0}$ 在 0.05~0.35 之间，这是在测定吸附量和数据处理时要特别注意的。

当 $C\gg1$ 时（对于许多吸附剂在 -196℃吸附氮时，C 值常很大），式（24-1）可简化为：

$$\frac{p}{V(p_0-p)}=\frac{p}{V_\mathrm{m}p_0} \tag{24-5}$$

即 $\frac{p}{V(P_0-P)}$ 对 $\frac{p}{p_0}$ 作图所得直线截距近于零，故而

$$V_\mathrm{m}=\frac{1}{斜率} \tag{24-6}$$

因此，在这种情况下只要选测 $\frac{p}{p_0}$ 在 0.05~0.35 间任一点的吸附量 V 值，即可按式（24-5）计算出 V_m。此方法是在特定条件下 BET 法的简便方法，常称为一点法。

三、仪器与试剂

BET 容量法实验装置 1 套，超级恒温槽 1 套，样品加热电炉 1 个，气体温度计 1 个，杜瓦瓶 1 个。

硅胶，液氮，高纯氮气。

四、实验步骤

1. 图 24-1 是 BET 容量法实验装置示意图，可分为 3 部分。

① 真空的获得与测量部分：包括机械泵、扩散泵、冷阱、麦氏压力计等。

② 气体吸附部分：包括吸附剂管、压力计和气体量球。

③ 辅助设备部分：包括吸附质气体（本实验用高纯氮气）的净化及储存、吸附温度的测量（如气体温度计）、吸附剂脱气装置、超级恒温槽等。

2. 准备工作

（1）装样品　将吸附剂样品管取下，洗净、烘干，装入已处理过并经称重的样品，再将样品管接到系统上。向氮气储瓶中充入经纯化的氮气。校正气体量球各球体的体积。

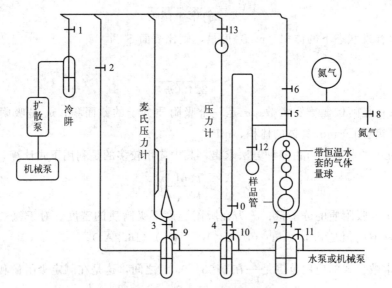

图 24-1　BET 容量法装置示意图

1～8，12，13—两通活塞；9～11—Y 形三通活塞（可接通大气或水泵）

（2）真空的获得　先将全部活塞关闭。打开活塞 2、3、4、7、12 和 13，将活塞 9、10 和 11 接通水泵系统，用水泵（或机械真空泵）抽气，10 分钟后关闭活塞 2。开动机械泵，慢慢打开活塞 1，当水泵抽至最低压力后关闭活塞 9、10、11，停止水泵抽气。当机械泵将系统真空度抽达 1.3Pa（10^{-2} mmHg）后开启扩散泵，达 0.13Pa（10^{-3} mmHg）后在冷阱外套上装有液氮的杜瓦瓶，继续抽气，至所要求压力后关闭活塞 1，再依次关闭扩散泵和机械泵。

（3）检漏　玻璃管壁上的漏洞可用真空探漏器检查。若体系较大时，抽真空后可将全部活塞关闭，分段开启活塞，若真空度有明显下降即为此前后二活塞间系统有漏。活塞因本身质量或真空脂涂抹不匀而造成的漏气，较难检查，只有重新涂真空脂或更换活塞解决。

（4）脱气　真空系统中玻璃管壁所吸附的气体应在抽真空时用吹风机等加热装置使管壁均匀加热而除去。否则，在停止抽气后管壁逐渐放气使真空度难以维持。

（5）毛细管体积的测定　压力计零点 0、活塞 12、气体量球以上、活塞 5 之间为厚壁毛细管（毛细管内径 1～2mm），此段体积需精确测量。向气体量球恒温水套中通入恒温水，将系统抽至真空度为 0.13Pa 后关闭活塞 12，使活塞 10 接通大气，缓慢地开启活塞 4，使汞面升至 0 点以上约 200mm，再先后开启活塞 11 和 7，使汞面升至气体量球的中间部（如第三个球体）。经活塞 5 引入氮气。调节压力计汞面至 0 点处，气体量球汞面至最下球的起点处。待压力平衡后用测高仪读取压力数值，同时记下未充汞的气体量球体积。依次提高气体量球中汞面位置以改变气体体积，同时调节压力计使右臂汞面一直在 0 点处，读取相应的压力值，直至气体量球全部为汞所充满。

当温度恒定时，毛细管部分的体积 $V_毛$、未被汞充满的气体量球的体积 $V_球$ 和平衡气体压力 p 间有下述关系：$p(V_毛 + V_球) = 常数$。

上式也可写为：$pV_球 = 常数 - pV_毛$。

$V_球$ 已经标定，为已知值，故以 $pV_球$ 对 p 作图，所得直线的负斜率即为 $V_毛$，可重复测定几次，取平均值。

（6）"死空间"的测定　"死空间"是指活塞 12 以下样品管中除吸附剂本身实在体积以外的总体积，即为样品管空余部分和吸附剂孔体积。将吸附剂装入样品管后，脱气，抽真空至 $1.33 \times 10^{-2} \sim 1.33 \times 10^{-5}$ Pa（$10^{-4} \sim 10^{-5}$ mmHg），用与测量毛细管体积相同的方法测出"死空间"体积。

（7）用气体温度计测量决定吸附温度所用液氮的温度　气体温度计一般由测量头和 U 形管压力计组成，测量头中有在液氮温度下充入的氧。

3. 吸附量的测定

① 装好吸附剂，脱气后使体系抽真空至 $1.33 \times 10^{-2} \sim 1.33 \times 10^{-3}$ Pa（$10^{-4} \sim 10^{-5}$ mmHg），关闭活塞 1、12 和 13，将气体量球中的汞面升至最下球的中部，压力计中汞面升至零点以上。

② 将吸附管浸入液氮中；向气体量球恒温水套通恒温水。

③ 通过活塞 5 引入一定量的氮气，引入量视样品比表面大小及样品量而定。平衡后，使压力计右管汞面在 0 点处，气体量球中汞面在最下球之下刻度处。用测压仪测定压力值，记下量球中气体体积及恒温水的温度。

④ 打开活塞 12，吸附开始进行。不断调节压力计使右管中汞面在 0 点处，吸附平衡后记下压力、气体体积和温度。

⑤ 提高气体量球中汞面，使汞充满最下面的一个球体，待吸附平衡后记下相应的数据。

⑥ 重复上述步骤，直至气体量球全部为汞充满，分别记取相应的各组数据。

⑦ 实验可重复几次。

五、数据处理

1. 吸附量的计算

吸附量 V 是吸附前氮气体积 V_0 与吸附后剩余氮气体积 $V_余$ 的差值，

即，

$$V = V_0 - V_余 \tag{24-7}$$

而， $$V_0 = V_球 + V_毛 \tag{24-8}$$

校正至标准状态（0℃，1.013×10^5 Pa）时，

$$V_{0,标} = V_球 \frac{273.15}{1.013 \times 10^5} \times \frac{p_0}{T_球} + V_毛 \frac{273.15}{1.013 \times 10^5} \times \frac{p_0}{T_毛} \tag{24-9}$$

式中，p_0 是吸附前气体压力，Pa；$T_球$ 和 $T_毛$ 分别为气体量球和毛细管部分的温度，K。吸附平衡后剩余气体的体积 $V_余$ 经校正至标准状态，为：

$$V_{余,标} = V_{球,余} \frac{273.15}{1.013 \times 10^5} \times \frac{p_1}{T_球} + V_毛 \frac{273.15}{1.013 \times 10^5} \times \frac{p_1}{T_毛} + V_死 \frac{273.15}{1.013 \times 10^5} \times \frac{p_1}{T_死} \tag{24-10}$$

式中，p_1 是吸附平衡后气体压力，Pa；$T_死$ 是"死空间"的温度，K。

则， $$V_标 = V_{0,标} - V_{余,标} \tag{24-11}$$

这样计算得到的吸附量是假设吸附气体是理想气体。若校正其不理想性可用下式：

$$V_实 = V_标 \left(1 + \frac{\alpha p}{1.013 \times 10^5}\right) \tag{24-12}$$

在温度一定时，α 为常数：−105℃时，$\alpha = 0.05$；−183℃时，$\alpha = 0.0287$。

根据实验所得数据按上述方法可以计算出不同平衡压力时的吸附量。

2. 计算吸附剂比表面

查出在吸附温度的液氮饱和蒸气压 p_0，用 $\frac{p}{p_0}$ 在 0.05~0.35 间的实验数据作 $\frac{p}{V(p_0 - p)}$ 对 $\frac{p}{p_0}$ 的图，由所得直线求出其斜率和截距，进而求出单层饱和吸附量 V_m，比表面 S 可依式 (24-3) 求出。

3. 用一点法计算比表面

选取 $\frac{p}{p_0}$ 在 0.05~0.35 间的任一组实验数据，依式 (24-5) 计算出 V_m，再计算出比表面，与前计算结果进行比较。多取几组数据计算，由所得结果说明一点法的意义。

六、注意事项

1. 实验前要熟悉真空的获得与测量知识。了解本实验装置，识别清楚各活塞的用途，对储汞容器各活塞的开关要十分小心，以免汞的冲溅。

2. 读压力前，轻弹压力计管，避免因汞在玻璃管壁上的黏附而使读数不准。

3. 吸附平衡时间因吸附剂不同而异，但一定要保证达到吸附平衡后方可测量。

七、思考题

1. 利用 BET 等温方程测定固体的比表面，为何要避免化学吸附？

2. 不考虑气体分子吸附在固体表面后的解离变化，气体分子在固体表面的吸附过程是熵增加的过程还是熵减小的过程？为什么？

3. 实验中的注意事项有哪些？分别对实验结果有什么影响？

实验二十五　最大泡压法测定溶液的表面张力

一、实验目的

1. 掌握最大泡压法测定表面张力的原理和技术。
2. 测定不同浓度的乙醇水溶液的表面张力。
3. 根据吉布斯吸附公式计算溶液表面的吸附量，以及饱和吸附时被吸附分子的截面积和饱和吸附分子层的厚度。

二、实验原理

1. 表面自由能

从热力学观点看，液体表面缩小是一个自发过程，这是使体系总自由能减小的过程。欲使液体产生新的表面积 ΔS，就需要对其做功，其大小应与 ΔS 成正比：

$$-W' = \sigma \times \Delta S \tag{25-1}$$

如果 ΔS 为 1m^2，则 $-W' = \sigma$ 是在恒温恒压下形成 1m^2 新表面所需的可逆功，所以 σ 称为比表面吉布斯自由能，其单位为 $\text{J} \cdot \text{m}^{-2}$。也可将 σ 看做作用在界面上每单位长度边缘上的力，称为表面张力，其单位为 $\text{N} \cdot \text{m}^{-1}$。

表面张力是液体的重要特性之一，其大小与液体的性质、浓度、温度、压力及接触相的性质等因素有关。表面张力中所指的表面，通常是指该液体与空气接触的界面，若是与其他物质接触的界面，则称界面张力。由于液体的压缩性极小，所以表面张力受常压的影响可略去不计。但是温度对液体表面张力的影响较大，一般来说，表面张力随温度升高而降低，故表示液体的表面张力时，应注明测定时样液的温度。

2. 溶液的表面吸附

在定温下纯液体的表面张力为定值，当加入溶质形成溶液时，表面张力发生变化，其变化的大小决定溶质的性质和加入量的多少。溶液表面张力与溶液浓度的关系大致有以下三种情况：

① 表面张力随溶液中溶质浓度增加而升高，这类物质称为表面惰性物质；

② 表面张力随溶液中溶质浓度增加而降低，但降低得不多，并在开始时降得快些，这类物质称为表面活性物质；

③ 表面张力随溶质浓度的增加起初显著降低，至某一浓度后，表面张力逐渐趋于恒定，这类物质也属于表面活性物质，特别地称为表面活性剂。

以上三种情况溶质在表面上的浓度与体相中的都不同，这种现象称为溶液表面吸附。根据能量最低原理，溶质能降低溶剂的表面张力，表面层中溶质的浓度比溶液内部大；反之，溶质使溶剂的表面张力升高时，它在表面层中的浓度比在内部的浓度低。在指定的温度和压力下，溶质的吸附量与溶液的表面张力及溶液的浓度之间的关系遵守吉布斯（Gibbs）吸附方程：

$$\Gamma = -\frac{c}{RT}\left(\frac{\mathrm{d}\sigma}{\mathrm{d}c}\right)_T \tag{25-2}$$

式中，Γ 为溶质在表层的吸附量；σ 为表面张力；c 为吸附达到平衡时溶质在介质中的浓度；R 为气体常数；T 为热力学温度。

式中，若 $\left(\dfrac{\mathrm{d}\sigma}{\mathrm{d}c}\right)_T < 0$ 时，$\Gamma > 0$ 称为正吸附，这时溶质的加入使表面张力下降，随溶液浓度增加，表面张力降低，这类物质称为表面活性物质。反之，当 $\left(\dfrac{\mathrm{d}\sigma}{\mathrm{d}c}\right)_T > 0$ 时，$\Gamma < 0$ 称为负吸附，这类物质称为非表面活性物质。表面活性物质有显著的不对称结构，它是由极性（亲水）部分和非极性（憎水）部分构成的。在水溶液表面，一般极性部分取向溶液内部，而非极性部分则取向空气部分。

对有机化合物来说，表面活性物质的非极性部分为烃基；而极性部分一般为极性基团，如 $-NH_2$、$-OH$、$-SH$、$-COOH$、$-SO_3H$。

表面活性物质分子在溶液表面排列情况，随溶液浓度不同而异，如图 25-1。当浓度很低时，分子平躺在液面上，如（a）所示；浓度增大时，分子排列如（b）；当浓度增加到一定程度时，被吸附分子占据了所有表面，形成饱和吸附层，如（c）所示。

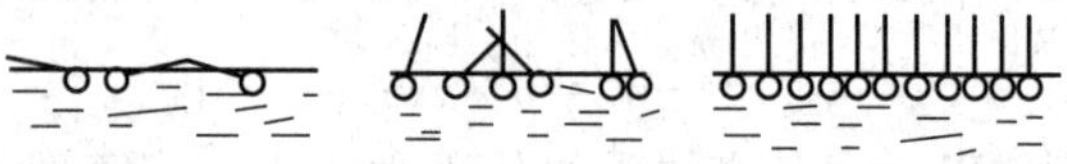

图 25-1 被吸附分子在溶液表面上的排列

如果在恒温下绘成曲线 $\sigma = f(c)$（表面张力等温线），当 c 增加时，σ 在开始时显著下降，而后下降速率逐渐缓慢下来，以致 σ 的变化很小，这时 σ 的数值恒定为某一常数。如图 25-2 所示，在 $\sigma\text{-}c$ 曲线上任选一点 a 作切线，经过切点 a 作平行于横坐标的直线，交纵坐标于 b' 点。以 Z 表示切线和平行线在纵坐标上截距间的距离，显然 Z 的长度等于 $c \cdot \left(\dfrac{\mathrm{d}\sigma}{\mathrm{d}c}\right)_T$。

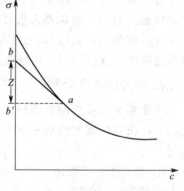

$$\left(\frac{\mathrm{d}\sigma}{\mathrm{d}c}\right)_T = -\frac{Z}{c} \tag{25-3}$$

$$Z = -\left(\frac{\mathrm{d}\sigma}{\mathrm{d}c}\right)_T c \tag{25-4}$$

图 25-2 表面张力和浓度的关系

$$\Gamma = -\frac{c}{RT}\left(\frac{\mathrm{d}\sigma}{\mathrm{d}c}\right)_T = \frac{Z}{RT} \tag{25-5}$$

以不同的浓度对其相应的 Γ 可作出曲线，$\Gamma = f(c)$ 称为吸附等温线。

3. 饱和吸附溶质分子的横截面积

吸附量 Γ 与浓度 c 之间的关系，可根据朗格缪尔（Langmuir）公式：

$$\Gamma = \Gamma_\infty \frac{kc}{1+kc} \tag{25-6}$$

式中，Γ_∞ 为饱和吸附量，即表面被吸附物铺满一层分子时，

$$\frac{c}{\Gamma}=\frac{kc+1}{k\Gamma_\infty}=\frac{c}{\Gamma_\infty}+\frac{1}{k\Gamma_\infty} \tag{25-7}$$

以 c/Γ 对 c 作图，得一直线，该直线的斜率为 $1/\Gamma_\infty$。

由所求得的 Γ_∞ 代入

$$S_0=\frac{1}{\Gamma_\infty N} \tag{25-8}$$

可求得被吸附分子的截面积 S_0（N 为阿伏伽德罗常数）。

若已知溶质的密度 ρ、分子量 M，就可计算出吸附层厚度 δ。

$$\delta=\frac{\Gamma_\infty M}{\rho} \tag{25-9}$$

4. 最大泡压法测表面张力

其装置如图 25-3 所示：样品管开口处放置一个密合的毛细管漏斗，其漏斗末端毛细管直径为 0.2～0.5mm，滴液抽气瓶装入自来水，将待测表面张力的液体装入样品管中，用活塞 3 调整待测液体液面，使毛细管漏斗末端端面与液面相切，液面即沿毛细管上升，玻璃塞 5 塞紧滴液抽气瓶，将表面张力数字测量仪、滴液抽气瓶、样品管连接成一密闭整体。打开抽气瓶的活塞 6 缓缓抽气，毛细管内液面受到一个比样品管中液面上大的压力，当此压力差－附加压力（$\Delta p=p_{大气}-p_{系统}$）在毛细管端面上产生的作用力稍大于毛细管口液体的表面张力时，气泡就从毛细管口脱出，此附加压力与表面张力成正比，与气泡的曲率半径成反比，其关系式为：

$$\Delta p=\frac{2\sigma}{R} \tag{25-10}$$

式中，Δp 为附加压力；σ 为表面张力；R 为气泡的曲率半径。

如果毛细管半径很小，则形成的气泡基本上是球形的。当气泡开始形成时，表面几乎是平的，这时曲率半径最大；随着气泡的形成，曲率半径逐渐变小，直到形成半球形，这时曲率半径 R 和毛细管半径 r 相等，曲率半径达最小值，根据式（25-10），这时附加压力达最大值。气泡进一步长大，R 变大，附加压力则变小，直到气泡逸出。

根据上式，$R=r$ 时的最大附加压力为：

$$\Delta p_0=\frac{2\sigma}{r}或\sigma=\frac{r}{2}\Delta p_0 \tag{25-11}$$

实际测量时，使毛细管端刚与液面接触，则可忽略气泡鼓泡所需克服的静压力，这样就可直接用上式进行计算。

毛细管内径不易测出，但对同一仪器又是常数，故设 $\frac{r}{2}=K$，称为仪器常数，则式（25-11）变为：

$$\sigma=K\Delta p_0 \tag{25-12}$$

式中的仪器常数 K 可用已知表面张力的标准物质测得。

三、仪器与试剂

表面张力测定装置 1 套，恒温槽 1 套，台秤 1 个，500mL 烧杯 2 个，50mL 锥形瓶 5

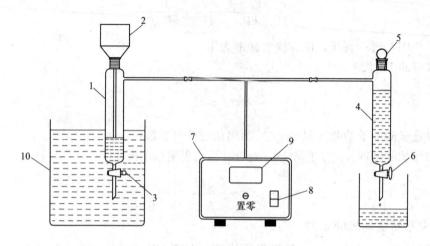

图 25-3　表面张力测定装置

1—样品管；2—毛细管漏斗；3、6—活塞；4—滴液抽气瓶；5—玻璃塞；7—表面张力数字测量仪；
8—电源开关；9—数字显示屏；10—恒温水槽

个，洗耳球 1 个。

无水乙醇（分析纯），蒸馏水。

四、实验步骤

1. 配制质量分数为 5％、10％、15％、20％、25％、30％、35％、40％的乙醇水溶液。

2. 仪器准备与检漏

将表面张力仪容器和毛细管顺次用自来水和蒸馏水漂洗，烘干后按图 25-3 装好。

将水注入滴液抽气瓶，水面距侧通气管 1cm 处，抽气瓶内液面下降一半后需要及时补充水。在样品管中用移液管注入 25mL 蒸馏水，装上毛细管漏斗，打开下活塞 3 调节液面，使毛细管端口恰好与液面相切，然后关闭活塞 3，将样品管、表面张力数字测量仪、滴液抽气瓶连接成密闭整体，再打开活塞 6，使水流出，体系内的压力降低，当表面张力数字测量仪指示出压差时，关闭活塞 6，停止抽气。若 2~3 分钟内，测量仪中压差值不变，则说明体系不漏气，可以进行实验。

3. 调节水浴槽温度为 25℃±0.1℃（或 30℃±0.1℃）。

4. 仪器常数的测量

样品管中用移液管注入 25mL 蒸馏水，装上毛细管漏斗，调节管内液面，使液面刚好与毛细管端口相接触，将样品管置于水浴槽内恒温 10 分钟，然后连接仪器成一密闭整体，毛细管需保持垂直并注意液面位置，慢慢打开抽气瓶活塞 6 对体系抽气，调节抽气速度，使气泡由毛细管尖端成单泡逸出，通常控制在每分钟 20 个气泡为宜。若形成时间太短，则吸附平衡就来不及在气泡表面建立起来，测得的表面张力也不能反映该浓度真正的表面张力值。当气泡刚脱离端口的一瞬间，表面张力数字测量仪中压差达到最大值，记录显示的最高读数，连续读取三次，取其平均值。再查出实验温度时水的表面张力 σ，则仪器常数

$$K=\frac{\sigma}{\Delta p} \qquad (25\text{-}13)$$

5. 表面张力随溶液浓度变化的测定

把表面张力仪中的蒸馏水倒空，用少量待测液将内部及其毛细管冲洗 2～3 次，然后用移液管移入 25mL 待测定的乙醇水溶液，注意使溶液浓度均匀，从最稀溶液开始测定。此后，按照与步骤 4 相同操作进行测定。

6. 改变恒温水浴温度。按步骤 4、5 测定 35℃下乙醇系列溶液的表面张力。

五、数据处理

1. 将实验数据及结果填入表 25-1 中。

表 25-1 实验数据及结果

室温： _____ ℃，水的表面张力 σ_0： _____ 。

乙醇浓度%	测定次数及平均值				$K = \dfrac{\sigma_0}{\Delta p_0}$	σ	Γ
	1	2	3	平均			
0(蒸馏水)							
5%							
……							

2. 按表 25-1 和计算的数据画出 25℃时乙醇的 $\sigma\text{-}c$ 图。

3. 在 25℃时 $\sigma\text{-}c$ 图上用作切线法求各适当间隔的浓度的 Γ 值，并作出 $\Gamma\text{-}c$ 等温吸附线。

4. 作出 35℃时的 $\Gamma\text{-}c$ 等温吸附线并与 25℃线比较，得出温度影响结论。

5. 在 35℃的 $\sigma\text{-}c$ 光滑的曲线上取六七个点，作切线求出 Z 值，由 $\Gamma = \dfrac{Z}{RT}$，计算 Γ 值。

6. 作 35℃ $\dfrac{c}{\Gamma}\text{-}c$ 图，由直线斜率求出 Γ_∞，并计算被吸附分子的截面积 S_0 和吸附层厚 δ。

六、思考题

1. 做好本实验要注意哪些问题？

2. 毛细管管口为何要刚好和液面相切？

3. 毛细管不干净，或气泡逸出太快，将会给实验带来什么影响？

4. 压力计中用水作介质，若要提高测量压力差的精度，应作何改进？

实验二十六 溶胶的制备和 ζ 电位的测定

一、实验目的

1. 掌握 $Fe(OH)_3$ 溶胶制备及其纯化溶胶的方法。

2. 观察溶胶电泳现象，测定电泳速率。

3. 掌握电泳法测定 $Fe(OH)_3$ 溶胶 ζ 电位的方法。

二、实验原理

难溶于水的固体微粒高度分散在水中所形成的胶体分散系统，简称"溶胶"，如 AgI 溶胶、SiO_2 溶胶、金溶胶等。溶胶是一个多相体系，其分散相胶粒的大小为 $1 \sim 100nm$。溶胶的制备方法可分为分散法和凝聚法。分散法是用适当方法把较大的物质颗粒变为胶体大小的质点；凝聚法是先制成难溶物的分子（或离子）的过饱和溶液，再使之相互结合成胶体粒子而得到溶胶。

常用的分散法如下：

① 机械作用法　如用胶体磨或其他研磨方法把物质分散；

② 电弧法　以金属为电极通电产生电弧，金属受高热变成蒸气，并在液体中凝聚成胶体质点；

③ 超声波法　利用超声波场的空化作用，将物质撕碎成细小的质点，它适用于分散硬度低的物质或制备乳状液；

④ 胶溶作用　由于溶剂的作用，使沉淀重新"溶解"成胶体溶液。

常用的凝聚法如下：

① 凝结物质蒸气；

② 变换分散介质或改变试验条件（如降低温度），使原来溶解的物质变成不溶；

③ 在溶液中进行化学反应，生成一不溶解的物质。

$Fe(OH)_3$ 溶胶的制备采用的凝聚法即通过化学反应使生成物呈过饱和状态，然后粒子再结合成溶胶。其结构式为：

$$\{m[Fe(OH)_3] \cdot nFeO^+ \cdot (n-x)Cl^-\}^{x-} \cdot xCl^-$$

制成的胶体体系中常有其他杂质存在，而影响其稳定性，因此必须纯化，常用的纯化方法是半透膜渗析法。

在溶胶分散系统中，由于胶体本身的电离或胶粒对某些离子的选择性吸附，使胶粒表面具有一定量的电荷，胶粒周围的介质分布着反离子。反离子所带电荷与胶粒表面电荷符号相反、数量相等，整个溶胶体系保持电中性。胶粒周围的反离子由于静电引力和热扩散运动的结果形成了两部分——紧密层和扩散层。紧密层约有一两个分子层厚，紧密吸附在胶核表面上，而扩散层的厚度则随外界条件（温度、体系中电解质浓度及其离子的价态等）而改变，扩散层中的反离子符合玻耳兹曼分布。由于离子的溶剂化作用，紧密层结合有一定数量的溶剂分子，在电场的作用下它和胶粒作为一个整体移动，而扩散层中的反离子则向相反的电极方向移动，这种在电场作用下分散相粒子相对于介质的运动称为电泳。发生相对移动的界面称为滑移面，其与液体内部的电势差称为电动电势或 ζ 电位，而作为带电粒子的胶粒表面与液体内部的电势差称为质点的表面电势 φ^0，见图 26-1。

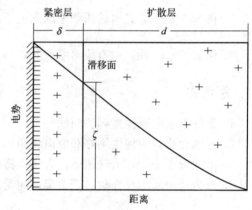

图 26-1　扩散双电层模型

电动势的大小直接影响胶粒在电场中的移动速度，原则上，任何一种胶体的电动现象都可以用来测定电动势，其中最方便的是用电泳现象中的宏观法来测定，也就是通过观察溶胶与另一种不含胶粒的导电液体的界面在电场中移动速度来测定电动势。电动势 ζ 与胶粒的性质、介质成分及胶体的浓度有关。

在电泳仪两极间接上电位差 U（V）后，在 t（s）时间内溶胶界面移动的距离为 d（m），即溶胶的电泳速度 v（m·s^{-1}）为：

$$v=d/t \tag{26-1}$$

相距为 L（m）的两极间的电位梯度平均值 H（V·m^{-1}）为：

$$H=U/L \tag{26-2}$$

如果辅助液的电导率 κ_0 与溶胶的电导率 κ 相差较大，则在整个电泳管内的电位降是不均匀的，这时需用下式求 H：

$$H=\cfrac{U}{\cfrac{\kappa}{\kappa_0}(L-L_k)+L_k} \tag{26-3}$$

式中，L_k 为溶胶两界面间的距离。

从实验求得胶粒电泳速度后，可按下式求 ζ（V）电位：

$$\zeta=\frac{K\pi\eta}{\varepsilon H}v \tag{26-4}$$

式中，K 为与胶粒形状有关的常数（对于球形粒子 $K=5.4\times10^{10}$ V^2·s^2·kg^{-1}·m^{-1}，对于棒形粒子 $K=3.6\times10^{10}$ V^2·s^2·kg^{-1}·m^{-1}，本实验胶粒为棒形）；η 为介质的黏度（kg·m^{-1}·s^{-1}）；ε 为水的介电常数。对于一定的溶胶而言，若固定 H 和 L，测得胶粒的电泳速率 v，就可以求出 ζ 电势。

ζ 电势是表征胶体特征的重要物理量之一，对解决胶体系统的稳定性具有重大的意义。在一般溶胶中，ζ 电势数值愈小，则其稳定性愈差，当 ζ 电势为零时，胶体的稳定性最差，此时可观察到胶体的聚沉。因此，无论是制备胶体或者是破坏胶体，都需要了解所研究胶体的 ζ 电势。

三、仪器与试剂

高压数显稳压电源 1 台，万用电炉 1 台，电泳管 1 只，电导率仪 1 台，超级恒温槽 1 台，秒表 1 块，铂电极 2 只，250mL 锥形瓶 1 只，800mL、250mL、100mL 烧杯各 1 个，100mL 容量瓶 1 只。

火棉胶，FeCl$_3$（10%）溶液，AgNO$_3$（1%）溶液，KSCN（1%）溶液，0.01mol·L^{-1} KCl 溶液。

四、实验步骤

1. Fe(OH)$_3$溶胶的制备及纯化

（1）半透膜的制备

在一个内壁洁净、干燥的 250mL 锥形瓶中，加入约 20mL 火棉胶液，小心转动锥形瓶，使火棉胶液黏附在锥形瓶内壁上形成均匀薄层，倾出多余的火棉胶于回收瓶中。此时锥形瓶仍需倒置，并不断旋转，待剩余的火棉胶流尽，使瓶中的乙醚蒸发至已闻不出气味为止（此时用手轻触火棉胶膜，已不粘手）。然后再往瓶中注满水（若乙醚未蒸发完全，加水过早，则半透膜发白），浸泡 10 分钟。倒出瓶中的水，小心用手分开膜与瓶壁的间隙。慢慢注水于夹层中，使膜脱离瓶壁，轻轻取出，在膜袋中注入水，观察有否漏洞。制好的半透膜不用时，要浸在蒸馏水中。

（2）用水解法制备 $Fe(OH)_3$ 溶胶

在 250mL 烧杯中，加入 100mL 蒸馏水，加热至沸，慢慢滴入 5mL（10%）$FeCl_3$ 溶液，并不断搅拌，加毕继续保持沸腾 5 分钟，即可得到红棕色的 $Fe(OH)_3$ 溶胶。在胶体体系中存在过量的 H^+、Cl^- 等需要除去。

（3）用热渗析法纯化 $Fe(OH)_3$ 溶胶

将制得的 $Fe(OH)_3$ 溶胶，注入半透膜内用线拴住袋口，置于 800mL 的清洁烧杯中，杯中加蒸馏水约 300mL，维持温度在 60℃左右，进行渗析。每 20 分钟换一次蒸馏水，4 次后取出 1mL 渗析水，分别用 1% $AgNO_3$ 及 1% KSCN 溶液检查是否存在 Cl^- 及 Fe^{3+}，如果仍存在，应继续换水渗析，直到检查不出为止，将纯化过的 $Fe(OH)_3$ 溶胶移入一清洁、干燥的 100mL 小烧杯中待用。

2. KCl 辅助液的制备

调节恒温槽温度为 25.0℃±0.1℃，用电导率仪测定 $Fe(OH)_3$ 溶胶在 25℃时的电导率，然后用 0.01mol·L^{-1} KCl 溶液和蒸馏水配制与之相同电导率的辅助液。

3. 仪器的安装

用蒸馏水洗净电泳管后，在烘箱中干燥待用，将渗析好的 $Fe(OH)_3$ 溶胶倒入干燥、洁净的溶胶加样管中，打开活塞，使胶体在电泳管中缓慢上升，液面距离铂电极末端 1.5～2cm 时关闭活塞。然后用滴管缓慢向左右电泳测定管中加 KCl 辅助液，使 KCl 辅助液与溶胶间形成一个非常清晰的界面，加入左右电泳测定管内的 KCl 辅助液量要相同。轻轻插入铂电极，左右深度相同，按装置图 26-2 连接好线路。

4. 溶胶电泳的测定

打开高压数显稳压电源，先用粗调旋钮调节输出电压接近 70V，然后用细调旋钮调节电压至 70V，并同时计时和准确记下溶胶在电泳管中液面位置，每隔 5 分钟读取一次溶胶面上升距离 d，约 40 分钟后断开电源，从伏特计上读取电压 U，并且量取两电极之间的距离 L。

实验结束后，先缓慢地把粗调旋钮旋至零点，然后旋转细调旋钮至零点，关闭电源，拆除线路。用自来水洗电泳管多次，最后用蒸馏水洗一次，放入烘箱中干燥。

五、数据记录和处理

1. 将实验数据记录如下：

室温：_____℃，大气压：_____Pa。

t/min	0	5	15	20	25	30	35	40
d/cm								
U/V								
L/cm								

2. 由上表数据做 d-t 关系图，求出斜率 v（即为胶体的电泳速度）。

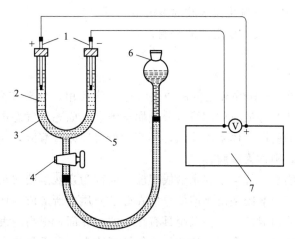

图 26-2　电泳仪器装置

1—Pt电极；2—KCl辅助液；3—溶胶；4—活塞；5—电泳管；6—溶胶加样管；7—高压数显稳压电源

3. 由 v 及 U 的平均数据，计算胶体的 ζ 电势值。

4. 文献值：$\varepsilon = 80.18 \mathrm{F \cdot m^{-1}}$（20℃），$\eta = 0.01005 \mathrm{Pa \cdot s}$（20℃），$\eta = 0.00894 \mathrm{Pa \cdot s}$（25℃），$\zeta_{\mathrm{Fe(OH)_3}} = 0.044 \mathrm{V}$。

六、注意事项

1. 利用式（26-4）求算 ζ 时，各物理量的单位都需用 c.g.s 制，有关数值从相关手册中查得。如果改用 SI 制，相应的数值也应转换。

2. 在制备半透膜时，一定要使整个锥形瓶的内壁上均匀地附上一层火棉胶液，在取出半透膜时，一定要借助水的浮力将膜托出。

3. 制备 $\mathrm{Fe(OH)_3}$ 溶胶时，$\mathrm{FeCl_3}$ 一定要逐滴加入，并不断搅拌。

4. 纯化 $\mathrm{Fe(OH)_3}$ 溶胶时，换水后要渗析一段时间再检查 $\mathrm{Cl^-}$ 的存在。

5. 量取两电极的距离时，要沿电泳管的中心线量取。

七、思考题

1. 本实验中所用的稀氯化钾溶液的电导为什么必须和所测溶胶的电导率相等或尽量接近？

2. 电泳的速度与哪些因素有关？

3. 电泳测定中如不用辅助液体，把两电极直接插入溶胶中会发生什么现象？

4. 溶胶胶粒带何种符号的电荷？为什么它会带此种符号的电荷？

实验二十七　憎液溶胶的制备与溶胶的聚沉作用

一、实验目的

1. 制备几种憎液溶胶。

2. 测定电解质溶液对氢氧化铁溶胶的聚沉值。

3. 了解电解质对憎液胶体稳定性的影响。

二、实验原理

胶体溶液是大小在 $1\sim100nm$ 之间的质点（称为分散相）分散在介质（称为分散介质）中形成的体系。分散相和分散介质都可以分别属于液态、固态和气态中的任何一种状态。分散介质为液态或气态的胶体，体系能流动，外观类似普通的真溶液，通常称为溶胶。分散介质为不能流动的胶体，则称为凝胶。

许多天然高分子物质，能自动和水形成溶胶，通称为亲液溶胶或高分子溶液，它是热力学稳定体系。一般所指的溶胶是由难溶物分散在分散介质中所形成的憎液溶胶，其中的粒子都是由很大数目的分子构成的。这种系统具有很大的相界面，很高的表面 Gibbs 自由能，很不稳定，极易被破坏而聚沉，聚沉之后往往不能恢复原态，因而是热力学中的不稳定和不可逆系统。憎液溶胶要稳定存在，需具有动力稳定性和聚结稳定性。动力稳定性是由于分散相的粒子大小在 $1\sim100nm$ 之间，不会因重力作用而很快沉降，一般能在较长时间内存在。聚结稳定性是指粒子与粒子不会碰撞而合并到一起。它是由于分散相粒子吸附某些离子后带电。而各胶粒带同种电荷相斥，因而获得聚结稳定性。因此制备溶胶的要点是设法使分散相物质通过分散或凝聚的方法使其粒度正好落在 $1\sim100nm$ 之间，并加入一定量合适的电解质稳定剂，使分散相粒子带电。

溶胶的制备方法可分为两大类：一类是分散法制溶胶，即把较大的物质颗粒变为小颗粒，从而得到溶胶；另一类是凝聚法制溶胶，即把物质的分子或离子聚合成较小颗粒，从而得到溶胶。

在实验室中一般采用凝聚法制备胶体溶液；分散法中除胶溶法、超声分散及某些特殊情况外，使用较少。为了阻止在制备过程中已具有胶体大小的粒子再凝聚，以及防止在制备后的溶胶中的聚集作用，则有必要在已有的两种组分（分散相与分散介质）中加入第三种组分，称为稳定剂，它的作用是阻止晶核的成长及使已经分裂粒子的聚集过程得以阻止或延缓。

憎液溶胶在各种不同制备方法中，皆需要一定数量不同性质的稳定剂，有的是在反应时另外加入的，也有是原先已加入的反应物自身，有的是反应的一种产物。

胶溶法为分散法中的一种特殊方法，通常并不发生体系比表面的改变，而是将已具有胶体分散度的粒子所组成的松软沉淀或凝胶，借加入稳定剂吸附在粒子表面，或借某种方法除去适量的引起此种沉淀作用的电解质，即可将此沉淀或凝胶转化为溶胶，但在其间并未发生分散度的改变。

溶胶之所以具有对聚集作用的稳定性，是因为每个胶粒周围具有电荷与溶剂化层的缘故。憎液溶胶的稳定性主要取决于胶粒表面电荷的多少，亲液溶胶的稳定性主要取决于胶粒表面溶剂化程度。

既然憎液溶胶的稳定度是由于胶粒电荷的存在，因此当一种电解质加入时，与胶粒表面带相反的离子，就能降低溶胶的稳定度，促使此溶胶发生聚集作用，最后导致聚集成大粒的沉淀。对于溶胶的聚沉能力，随电解质的不同而异，主要取决于与溶胶电荷相反离子的原子价数。原子价数高，聚沉效率就增加，同价离子的聚沉效率也有一定的差别。

使一定量的溶胶在一定时间内产生完全沉淀所需电解质的最小浓度，称为该电解质对此溶胶的聚沉值；聚沉值随实验时各因素而异（如溶胶的浓度、制备法、加入电解质的方法、静置的时间），是一有条件的指示数，因此必须依照一定的实验规程进行测定。

混合两种胶粒电荷相反但不互相起化学作用的溶胶，则当二者在一定比例范围时，就可以发生聚集，小于或大于此比例范围都不发生聚集作用，或仅仅发生部分聚集作用。

三、仪器与试剂

离心机 1 台，电炉 1 个，烧杯，移液管，试管。

$0.01mol\cdot L^{-1}$、$0.1mol\cdot L^{-1}$ $AgNO_3$，$0.01mol\cdot L^{-1}$、$0.1mol\cdot L^{-1}$ KI，$1.0mol\cdot L^{-1}$ $(NH_4)_2CO_3$，2％、$0.3mol\cdot L^{-1}$ $FeCl_3$，$0.01mol\cdot L^{-1}$ Na_2SO_4，$4.0mol\cdot L^{-1}$ NaCl。

四、实验步骤

1. 制备氢氧化铁溶胶

（1）在 250mL 清洁烧杯中加入 160mL 蒸馏水，加热至沸腾。移去灯火，将 10mL 2％ $FeCl_3$ 溶液直接加入沸水中，并不断搅拌。微微煮沸后，即可获得红棕色的氢氧化铁正胶（冷却后颜色无变化），观察丁达尔现象。

（2）移取 10mL $0.3mol\cdot L^{-1}$ $FeCl_3$ 溶液放入 100mL 烧杯中，在强力搅拌下逐滴加入 $1.0mol\cdot L^{-1}$ $(NH_4)_2CO_3$ 溶液，直至开始产生沉淀为止；再向其中加入几滴 $0.3mol\cdot L^{-1}$ $FeCl_3$ 溶液，充分搅拌后，沉淀复行溶解，即可获得红棕色的氢氧化铁负胶。

2. 制备碘化银溶胶

（1）移取 2mL $0.1mol\cdot L^{-1}$ KI 溶液，放入装有 20mL 蒸馏水的 100mL 烧杯中，在强力搅拌下逐滴加入 10mL $0.01mol\cdot L^{-1}$ $AgNO_3$ 溶液。

（2）另取一个 100mL 烧杯，以 $AgNO_3$ 替换 KI，KI 替换 $AgNO_3$ 重复上个步骤。

（3）观察（1）、（2）法所得溶胶的丁达尔现象及散射光、透射光。

（4）将（1）、（2）法所得溶胶混合，观察丁达尔现象及散射光、透射光。

3. SO_4^{2-}、Cl^- 对氢氧化铁溶胶的凝聚作用

（1）在 6 支试管中将 $0.01mol\cdot L^{-1}$ Na_2SO_4 与蒸馏水按比例配成不同浓度的 Na_2SO_4 溶液。具体配制方法见表 27-1。

表 27-1　不同浓度的 Na_2SO_4 溶液配制表

试管号	1	2	3	4	5	6
Na_2SO_4 体积/mL	0	1	2	3	4	5
蒸馏水体积/mL	5	4	3	2	1	0

（2）各取 4mL 氢氧化铁溶胶于另 6 个干净的试管中，在每个管中各加蒸馏水 1mL，并摇匀。

（3）将不同浓度的电解质溶液与已摇匀的溶胶混合，即（1）、（2）混合（来回倒两次，以混合均匀），然后将此 6 个试管置于恒速的离心机中进行沉淀分离，3 分钟后，观察哪个试管底部有沉淀产生。

（4）同上法，将 $0.01mol\cdot L^{-1}$ Na_2SO_4 溶液更换为 $4.0mol\cdot L^{-1}$ NaCl 溶液进行实验，

观察实验现象。

五、实验注意事项

1. 玻璃仪器必须洗干净。

2. 本实验所用溶液较多，实验过程中注意不要用错，一旦用错，必须重做。

六、数据记录及处理

1. 写出制备氢氧化铁溶胶的化学反应式，并记录观察到的现象（包括颜色、透明程度、有无丁达尔现象等）。

2. 写出碘化银溶胶胶团结构式，并记录观察到的现象。

3. 本实验中制备的 $Fe(OH)_3$ 正、负溶胶，用的是什么方法？

4. 列表记录 SO_4^{2-}、Cl^- 对氢氧化铁溶胶的聚沉现象。

5. 计算 SO_4^{2-}、Cl^- 对氢氧化铁溶胶的聚沉值，并比较聚沉能力。

七、思考题

1. 溶胶的稳定性决定于什么？

2. 电解质何以会使溶胶聚沉？何谓聚沉值？

3. 亲液溶胶和憎液溶胶的区别是什么？

4. 影响亲液溶胶和憎液溶胶的稳定性的因素有哪些？

第七章

设计性实验

实验二十八　烟煤热值的测定

一、实验目的

　　1. 熟悉恒容燃烧热、量热计的有效热容量定义。

　　2. 灵活运用氧弹式量热计测定燃烧热的实验技术。

　　3. 掌握煤的高位发热量测定方法和低位发热量的计算方法。

二、实验原理

　　热值指完全燃烧 1kg（或 1m³ 气体）的物质释放出的能量，是一种物质特定的性质。在燃料化学中，热值是表示燃料质量的一种重要指标。通常用量热计测定或由燃料分析结果算出，有高热值（higher calorific value）和低热值（lower calorific value）两种。前者是燃料的燃烧热和水蒸气的冷凝热的总数，即燃料完全燃烧时所放出的总热量。后者仅是燃料的燃烧热，即由总热量减去冷凝热的差数。常用的热值单位为：$kJ \cdot kg^{-1}$（固体燃料和液体燃料），或 $kJ \cdot m^{-3}$（气体燃料）。

　　煤的发热量在氧弹量热计中进行测定，一定量的分析试样在氧弹量热计中，在充有过量氧气的氧弹中燃烧，氧弹量热计的热容量通过在相近条件下燃烧一定量的基准量热物苯甲酸来确定，根据试验燃烧前后量热系统产生的温升，并对点火热等附加热进行校正后即可求得试样的发热量。从量热计发热量中扣除硝酸生成热即得高位发热量。

　　煤的恒容低位发热量可以通过分析试样的高位发热量计算。计算恒容低位发热量要知道煤样中水分和氢的含量。原则上计算恒压低位发热量还需要知道煤样品中的氧和氮的含量。

三、设计要求

　　1. 设计测定烟煤、无烟煤、焦炭的高位发热量实验方法和计算恒容低位发热量。

　　2. 查阅相关资料，确定量热计水当量和热容量的标定方法。

3. 查阅相关资料,提出烟煤高位发热量、低位发热量、恒容无灰基高位发热量和弹筒发热量的测定和计算方法。

四、注意事项

1. 实验需要对量热计精密度和准确度进行评价。
2. 在实验过程中注意充氧压力和时间,避免压力过高,也避免充氧不足。
3. 当内、外筒水温与室温一致时,连续搅拌 10 分钟所产生的热量不应该超过 120J。

实验二十九 配合物稳定常数的测定

一、实验目的

1. 了解测量配合物稳定常数的常用方法。
2. 掌握使用分光光度计测量配合物稳定常数的原理。

二、实验原理

溶液中金属离子 M 和配位体 L 形成配合物,其反应为

$$M + nL \Longrightarrow ML_n$$

当达到配位平衡时,其配合物稳定常数 K 为

$$K = \frac{[ML_n]}{[M][L]^n} \tag{29-1}$$

式中,n 为配位数;$[M]$、$[L]$ 分别为金属离子和配位体达到配位平衡时的离子浓度。

金属离子和配位体形成配合物时溶液颜色会发生改变,如果配位体近似无色,而金属离子与配位体形成配合物时,颜色发生明显改变,可利用这个特点使用分光光度法测定配合物的组成和稳定常数。

研究不同浓度金属离子和配位体形成配合物的平衡常数可采用等物质的量的连续递变法(也称等物质的量系列法),实验中保持金属离子浓度 $[M]$ 和配位体浓度 $[L]$ 的总物质的量不变,连续改变两组分的比例,即在一系列溶液中金属离子浓度 $[M]$ 和配位体浓度 $[L]$ 之和不变,但相对量 $[L]/[M]$ 在连续变化,$\frac{[L]}{[M]+[L]}$ 由 0 到 1。选用最大吸收波长 λ_{max} 时的光为入射光,测定一系列溶液,作 A 对 $\frac{[L]}{[M]+[L]}$ 的曲线,由最高点对应的 $[L]$ 和 $[M]$ 的比例可确定配位数 n。如果配合物是稳定的,则转折点明显;如果配合物不稳定,则转折点不明显,此时应采用延长两条切线使之相交的方法求得转折点。

设配合物组成比的测定实验中所获得的曲线最高点所对应的吸光度 A,而曲线左、右两边所作切线的交点所对应的吸光度值为 A_0,则解离度为

$$\alpha = \frac{A_0 - A}{A_0} \tag{29-2}$$

假设初始金属离子浓度为 c,配位数 $n=1$,则

$$K_1 = \frac{1-\alpha}{c\alpha^2} = \frac{A_0 A}{c(A_0-A)^2}\qquad(29\text{-}3)$$

当 $n=2$ 时，$K_2 = \dfrac{1-\alpha}{4c^2\alpha^3}$，可求得稳定常数。

三、设计要求

1. 查阅文献，了解测量金属配合物稳定常数的常用方法。
2. 查阅文献，了解分光光度法测量金属配合物稳定常数的原理。
3. 查阅文献，了解影响配合物稳定常数测量的影响因素。

四、实验提示

1. 仪器与试剂：分光光度计，酸度计，分析天平，硫酸高铁铵，磺基水杨酸，硫酸。

2. 测量硫酸高铁铵和磺基水杨酸最低浓度不同波长的吸光度值，绘制曲线，找出最大吸收波长 λ_{max}。

3. 在 λ_{max} 下测量不同样品的吸光度，绘制 A 对 $\dfrac{[L]}{[M]+[L]}$ 的曲线，确定配合物组成并计算其稳定常数 K。

实验三十　三组分体系等温相图的绘制

一、实验目的

1. 熟悉相律，掌握用三角形坐标表示三组分体系相图。
2. 掌握用溶解度法和湿渣法绘制相图的基本原理。
3. 掌握相图的应用。

二、实验原理

对于三组分体系，当处于恒温恒压条件下时，根据相律，其自由度 f' 为：

$$f' = 3 - \Phi\qquad(30\text{-}1)$$

式中，Φ 为体系的相数。体系最大条件自由度 $f'_{max} = 3-1 = 2$，因此，浓度变量最多只有两个，可用平面图表示体系状态和组成间的关系，通常是用等边三角形坐标表示，称之为三元相图，如图 30-1 所示。

等边三角形的三个顶点分别表示纯物 A、B、C，三条边 AB、BC、CA 分别表示 A 和 B、B 和 C、C 和 A 所组成的二组分体系的组成，三角形内任何一点都表示三组分体系的组成。图 30-1 中，P 点的组成表示如下：

经 P 点作平行于三角形三边的直线，并交三边于 a、b、c 三点。若将三边均分成 100 等份，则 P 点的 A、B、C 组成分别为：A% $= Pa = Cb$，B% $= Pb = Ac$，C% $= Pc = Ba$。

苯-醋酸-水是属于具有一对共轭溶液的三液体体系，即三组分中两对液体 A 和 B，A 和 C 完全互溶，而另一对液体 B 和 C 只能有限度地混溶，其相图如图 30-2 所示。

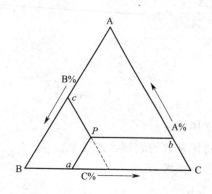

图 30-1 等边三角形法表示三元相图

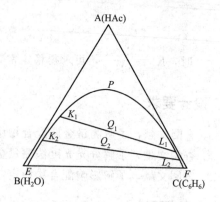

图 30-2 共轭溶液的三元相图

图 30-2 中，E、K_2、K_1、P、L_1、L_2、F 点构成溶解度曲线，K_1L_1 和 K_2L_2 是连结线。溶解度曲线内是两相区，即一层是苯在水中的饱和溶液，另一层是水在苯中的饱和溶液，曲线外是单相区。因此，利用体系在相变化时出现的清浊现象，可以判断体系中各组分间互溶度的大小。

三、设计要求

1. 设计出两组三组分体系［两固体（盐）和一液体（水）的三组分体系相图或共轭溶液的三组分体系相图］，并根据相图原理分离提纯组分。

2. 查阅相关资料和实验室条件提出所需要的仪器和试剂。

3. 提出实验方案和具体的实验操作步骤。

四、注意事项

1. 所测体系含有水的成分需要准确，玻璃器皿均需干燥。

2. 在滴加水的过程中需一滴一滴地加入，且需不停地摇动锥形瓶，由于分散的"油珠"颗粒能散射光线，所以体系出现浑浊，如在 2～3 分钟内仍不消失，即到终点。当体系组分含量少时要特别注意慢滴，含量多时开始可快些，接近终点时仍然要逐滴加入。

3. 实验过程中注意防止或尽可能减少组分挥发，测定连结线时取样要迅速。

4. 用水滴定如超过终点，可加入少量组分，使体系由浑变清，再用水继续滴定。

五、思考题

1. 为什么根据体系由清变浑的现象即可测定相界？

2. 如连结线不通过物系点，其原因可能是什么？

3. 本实验中根据什么原理求三组分体系的连结线？

实验三十一 电动势法测量电池反应的热力学参数

一、实验目的

1. 掌握对消法测定电池电动势的原理及电位差计的使用方法。

2. 掌握电极和盐桥的制备。

3. 根据已有电极设计原电池，考察原电池电动势随温度的变化，并计算有关的热力学函数。

二、实验原理

化学电池是由两个"半电池"组成的，电极和电解质溶液组成半电池。由不同电极和电解质溶液可以组成若干个原电池。在电池反应过程中正极上起还原反应，负极上起氧化反应，而电池反应是这两个电极反应的总和，其电动势为组成该电池的两个半电池的电极电势的代数和。

通过对电池电动势的测量可求算化学反应的 $\Delta_r H_m$、$\Delta_r S_m$ 和 $\Delta_r G_m$ 等热力学函数值、电解质的平均活度系数、难溶盐的活度积和溶液的 pH 值等物理化学参数。但用电动势的方法求如上数据时，必须把原电池设计成一个可逆电池，该原电池所构成的反应是所求化学反应。

化学反应的热效应可以用量热计直接度量，也可以用电化学方法来测量。由于电池的电动势可以准确测量，所得的数据常常较热化学方法所得的可靠。

在恒温恒压条件下，可逆电池所做的电功是最大非体积功 W'，而 W' 等于体系自由能的降低即为 $\Delta_r G_m$，而根据热力学与电化学的关系，可得

$$\Delta_r G_m = -nFE \tag{31-1}$$

由此可见利用对消法测定电池的电动势即可获得相应的电池反应的自由能变。式中 n 是电池反应中得失电子的数目；F 为法拉第常数。

根据吉布斯-亥姆霍兹公式

$$G = H - TS \tag{31-2}$$

$$\Delta_r S_m = -\left(\frac{\partial \Delta_r G_m}{\partial T}\right)_p = nF\left(\frac{\partial E}{\partial T}\right)_p \tag{31-3}$$

将式(31-1) 和式(31-3) 代入式(31-2) 即得：

$$\Delta_r H_m = -nFE + nFT\left(\frac{\partial E}{\partial T}\right)_p \tag{31-4}$$

由实验可测得不同温度时的 E 值，以 E 对 T 作图，从曲线的斜率可求出任一温度下的值 $\left(\frac{\partial E}{\partial T}\right)_p$，根据式(31-1)、式(31-3) 和式(31-4) 可求出该反应的热力学函数变化值 $\Delta_r G_m$、$\Delta_r S_m$ 和 $\Delta_r H_m$。

三、设计要求

1. 查阅文献，学习原电池电动势的测量方法。

2. 查阅文献，掌握用电动势法测量化学反应热力学函数值的原理和方法。

3. 设计原电池，测定可逆电池在不同温度下的电动势，以温度 T 为横坐标，电动势 E 为纵坐标作图，求 298.15K 下电池反应热力学函数的变化值。

四、实验提示

1. 仪器与试剂：数字电位差计，恒温槽，精密稳流电源，标准电池，电极，半电池管，

U 形管，琼脂，KCl，KNO$_3$，AgNO$_3$ 溶液，ZnSO$_4$ 溶液，Hg$_2$(NO$_3$)$_2$ 饱和溶液等。

2. 查阅文献，确定 Ag 电极、Ag/AgCl 电极、锌电极、盐桥的制备方法。

3. 查阅文献，设计原电池，测量 25℃、30℃、35℃、40℃时的电动势 E，根据不同温度下测得的 E 对 T 作图，求出斜率 $\left(\dfrac{\partial E}{\partial T}\right)_p$ 的值。

五、注意事项

1. 连接线路时，切勿将标准电池、工作电源、待测电池的正负极接错。

2. 实验前，应先根据第二部分第四节"饱和式标准电池的温度系数"公式计算出实验温度下标准电池的电动势。

3. 应先将半电池管中的溶液恒温后，再测定电动势。

4. 电位差计使用时，按按钮的时间要短，以防止过多的电量通过标准电池或被测电池，造成严重的极化现象，破坏被测电池的可逆状态。

六、思考题

1. 对消法测定电池电动势的装置中，电位差计、工作电池、标准电池各起什么作用？为什么要用对消法进行测量？

2. 在测量电池电动势的过程中，若电位差计平衡指示总向一个方向偏，可能是什么原因？

3. 测电动势为什么要用盐桥？如何选用盐桥以适合不同的体系？

4. Zn 电极为何要汞齐化？汞齐化时间的长短对锌电极有何影响？

5. 怎样计算标准的电极电势？"标准"是指什么条件？

6. 实际测量的 $\Delta_r S_m$、$\Delta_r G_m$、$\Delta_r H_m$ 为何会有偏差？

实验三十二　循环伏安法测定维生素 C 的电化学行为

一、实验目的

1. 掌握循环伏安法的测定方法和原理。

2. 了解维生素 C 的性质，研究维生素 C 在工作电极上的伏安行为。

二、实验原理

1. 维生素 C

维生素 C 又名抗坏血酸，是一种人体所必需的化学物质。它具有一定的还原性，可以用伏安法进行测定。

2. 循环伏安法原理

循环伏安法是以快速线性扫描的形式施加三角波极化电压于工作电极上，如图 32-1 所示，从起始电压 E_i 开始沿某一方向变化，到达终止电压 E_m 后又反方向回到起始电压，呈等腰三角形。电压扫描速度从每秒数毫伏到 1V 甚至更大。工作电极可用铂电极或玻璃石墨等静止电极。

当溶液中存在氧化态物质 O 时，它在电极上可逆地还原生成还原态物质 R。

$$O+ne^- \longrightarrow R \tag{32-1}$$

当电位方向逆转时，在电极表面生成的 R 则被可逆地氧化为 O。

$$R \longrightarrow O+ne^- \tag{32-2}$$

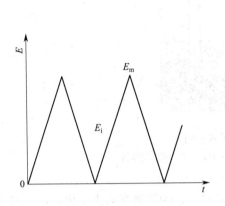

图 32-1　循环伏安法原理示意图

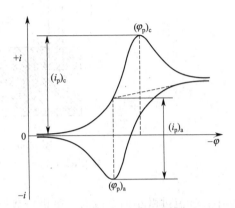

图 32-2　循环伏安图

所得循环伏安图 32-2，图的上半部分是还原波，称为阴极支；下半部分是氧化波，称为阳极支。氧化波的峰电流是由于扫描速度快，在电极表面附近的物质 R 的扩散层变厚所致，还原峰类似。用 E_{pa}、E_{pc} 分别表示氧化峰的峰电位和还原峰的峰电位，则

$$E_{pa}=E_{1/2}+1.1\frac{RT}{nF} \tag{32-3}$$

$$E_{pc}=E_{1/2}-1.1\frac{RT}{nF} \tag{32-4}$$

峰电流可表示为

$$i_p=KZ^{3/2}D^{1/2}m^{2/3}t^{2/3}v^2c \tag{32-5}$$

其峰电流与被测物质浓度 c、扫描速度 v 等因素有关。

从循环伏安图 32-2 可确定氧化峰峰电流 $(i_p)_a$ 和还原峰峰电流 $(i_p)_c$，氧化峰峰电位 $(\varphi_p)_a$ 和还原峰电位 $(\varphi_p)_c$。

对于可逆反应，氧化峰与还原峰电流比：

$$\frac{(i_p)_a}{(i_p)_c}=1 \tag{32-6}$$

氧化峰与还原峰的电位差：

$$\Delta\varphi=(\varphi_p)_a-(\varphi_p)_c=2.2\frac{RT}{nF} \tag{32-7}$$

由此可判断电极过程的可逆性。

3. 三电极体系原理

研究电极反应时，电极的电位是一个很重要的参数。两电极体系是难以测定电极电势的，所以一般采用三电极体系，如图 32-3 所示。工作电极指被测定的电极。辅助电极可与工作电极组成一个让电流畅通的回路。参比电极可以确定工作电极与参比电极的电位差。理想的参比电极需具备如下性质：①电极表面的电极反应必须是可逆的；②电极电势随时间的

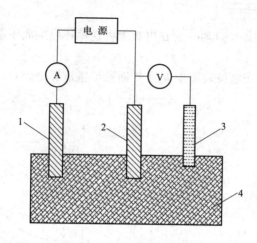

图 32-3　三电极体系示意图

1—辅助电极；2—工作电极；3—参比电极；4—电解质溶液

漂移小；③流过微小的电流时，电极电势能迅速恢复原状；④当温度发生变化时，一定的温度能相应有一定的电位。常用的参比电极如下。

标准氢电极（NHE）：$H^+ + e^- \longrightarrow \dfrac{1}{2} H_2$

饱和甘汞电极（SCE）：$Hg_2Cl_2 + 2e^- \longrightarrow 2Hg + 2Cl^-$　　（+0.241V）

银/氯化银电极（Ag/AgCl）：$AgCl + e^- \longrightarrow Ag + Cl^-$　　（+0.199V）

三、设计要求

1. 查阅有关文献，确定实验内容。

2. 可以参考下面几点对实验进行设计：

（1）电极处理程度对测定数据的影响；

（2）不同缓冲溶液的影响；

（3）不同 pH 的影响；

（4）不同底液的影响；

（5）不同仪器测定状态的影响；

（6）不同电极的影响；

（7）不同果蔬中维生素 C 含量的测定。

四、注意事项

1. 电极的处理，玻碳电极（GCE）在测定前用抛光粉抛光，超声波洗净，然后用湿滤纸擦净，用水冲洗后即可使用。

2. 可以通入氮气除氧。

五、数据处理

1. 根据不同的实验条件选择出最佳实验条件，并绘制峰电流值对浓度的工作曲线。

2. 根据实验测定结果确定样品中维生素 C 的含量。

六、思考题

1. 为什么用三电极体系进行测定？三电极各起什么作用？
2. 实验中怎样降低电极的影响？

实验三十三 药物有效期的测定

一、实验目的

1. 了解药物水解反应的特征。
2. 掌握硫酸链霉素水解反应速率常数的测定方法，并求出硫酸链霉素水溶液的有效期。

二、实验原理

链霉素是由放线菌属的灰色链丝菌产生的抗生素，硫酸链霉素分子中的三个碱性中心与硫酸成的盐，分子式为 $(C_{21}H_{39}N_7O_{12})_2 \cdot 3H_2SO_4$，它在临床上用于治疗各种结核病，本实验是通过比色分析方法测定硫酸链霉素水溶液的有效期。

硫酸链霉素水溶液在 pH4.0～4.5 时最为稳定，在过碱性条件下易水解失效，在碱性条件下水解生成麦芽酚（α-甲基-β-羟基-γ-吡喃酮），反应如下：

$$(C_{21}H_{39}N_7O_{12})_2 \cdot 3H_2SO_4 + H_2O \longrightarrow 麦芽酚 + 硫酸链霉素其他降解物$$

该反应为假一级反应，其反应速率服从反应的动力学方程：

$$\lg(c_0-x) = \frac{k}{-2.303t} + \lg c_0 \tag{33-1}$$

式中 c_0——硫酸链霉素水溶液的初始浓度；

$\quad x$——t 时刻链霉素水解掉的浓度；

$\quad t$——时间，以 min 为单位；

$\quad k$——水解反应速率常数。

若以 $\lg(c_0-x)$ 对 t 作图应为直线，由直线的斜率可求出反应速率常数 k。硫酸链霉素在碱性条件下水解得麦芽酚，而麦芽酚在酸性条件下与三价铁离子作用生成稳定的紫红色螯合物，故可用比色分析的方法进行测定。由于硫酸链霉素水溶液的初始浓度 c_0 正比于全部水解后产生的麦芽酚的浓度，也正比于全部水解测得的吸光值 A_∞，即 $c_0 \propto A_\infty$；在任意时刻 t，硫酸链霉素水解掉的浓度 x 应与该时刻测得的吸光值 A_t 成正比，即 $x \propto A_t$，将上述关系代入速率方程中得：

$$\lg(A_\infty - A_t) = -\left(\frac{k}{2.303}\right)t + \lg A_\infty \tag{33-2}$$

可见通过测定不同时刻 t 的吸光值 A_t，可以研究硫酸链霉素水溶液的水解反应规律，以 $\lg(A_\infty - A_t)$ 对 t 作图得一直线，由直线斜率求出反应的速率常数 k。

药物的有效期一般是指当药物分解掉原含量的 10% 时所需要的时间 $t_{0.9}$。

$$t_{0.9} = \frac{\ln\left(\frac{100}{90}\right)}{k} = \frac{1}{k} \times \ln\left(\frac{100}{90}\right) = \frac{0.105}{k} \tag{33-3}$$

三、设计要求

1. 查阅文献，设计硫酸链霉素水解反应速率常数的测定方法。
2. 查阅文献，了解分光光度法测量硫酸链霉素水解反应速率常数的原理。
3. 了解影响硫酸链霉素水解反应速率常数测定的因素。

四、注意事项

1. 在碱性条件下水解要掌握好取样时间。
2. 完全水解在沸水浴中进行，注意加热过程不可以完全密封，避免溶液变成浅黄色透明溶液。

实验三十四　活性炭吸附水溶液中的染料

一、实验目的

1. 理解吸附的基本原理。
2. 设计实验，计算吸附容量 q_e。
3. 设计实验方案，利用所测数据绘制吸附等温线确定费氏吸附参数 K_F、$1/n$。

二、实验原理

活性炭吸附是物理吸附和化学吸附综合作用的结果。吸附进程一般是可逆的，一方面吸附质被吸附剂吸附；另一方面，一部分已被吸附的吸附质，由于分子热运动的结果，能够脱离吸附剂表面又回到液相中去。前者为吸附过程，后者为解吸过程。当吸附速率和解吸速率相等时，即单位时间内活性炭吸附的数量等于解吸的数量时，则吸附质在溶液中的浓度和在活性炭表面的浓度均不再变化而达到了平衡，此时的动态平衡称为吸附平衡，此时吸附质在溶液中的浓度称为平衡浓度 c_e。

活性炭的吸附能力以吸附量 q_t（$mg \cdot g^{-1}$）表示。所谓吸附量是指单位质量的吸附剂所吸附的吸附质的质量。

$$q_t = \frac{(c_0 - c_t)V}{w} \tag{34-1}$$

式中，c_0 是染料溶液初始时的质量浓度，$mg \cdot L^{-1}$；c_t 是 t 时刻上清液的质量浓度，$mg \cdot L^{-1}$；w 是吸附剂的质量，g；V 是染料溶液的体积，L。

本实验采用粉状活性炭吸附水中的有机染料，达到吸附平衡后，用分光光度法测得吸附前后有机染料的初始浓度 c_0 及平衡浓度 c_e，以此计算活性炭的吸附量 q_e。在温度一定的条件下，活性炭的吸附量随被吸附物质平衡浓度的提高而提高，二者之间的关系曲线为吸附等温线。常用来描述活性炭对染料的吸附等温线的模型有 Langmuir 吸附模型和 Freundlich 吸附模型，它们的表达式如下：

Langmuir 吸附模型表达式：

$$\frac{c_e}{q_e}=\frac{1}{q_m}c_e+\frac{1}{q_m b} \tag{34-2}$$

Freundlich 吸附模型表达式：

$$\lg q_e=\lg K_F+\frac{1}{n}\ln c_e \tag{34-3}$$

式中，b 是 Langmuir 平衡常数；q_m 是吸附剂的最大吸附量，$mg\cdot g^{-1}$；n 是强度系数；K_F 是 Freundlich 平衡常数。

Freundlich 吸附模型中以 $\lg c_e$ 为横坐标，$\lg q_e$ 为纵坐标，绘制吸附等温线，求得直线斜率 $1/n$、截距 $\lg K_F$。Freundlich 理论中，n 值反映了吸附剂的不均匀性或吸附反应强度。n 值越大，吸附性能越好。一般认为 n 值为 $2\sim10$ 时，容易吸附；n 值小于 0.5 时，则难以吸附。n 值也常用于判断吸附能力，表明吸附物质在固体表面的分布情况，$n>1$ 时，表示吸附物质在固体表面不均匀分布，吸附量主要集中在少数活性位点上；$n=1$ 时，表示吸附物质在固体表面均匀分布；$n<1$ 时，表示吸附物质在表面过于均匀，吸附量受限。K_F 为费氏平衡常数，表明吸附剂的吸附能力。

三、设计要求

1. 查阅文献，了解测量活性炭吸附容量的常用方法。
2. 查阅文献，了解分光光度法测量活性炭吸附染料的原理。
3. 查阅文献，了解影响活性炭吸附容量测量的因素。

四、实验提示

1. 仪器与试剂：可调速搅拌器，分光光度计，酸度计，温度计，1000mL 烧杯，漏斗，滤膜，粉状活性炭（200 目），有机染料。
2. 查阅文献，确定待测有机染料最大吸收波长 λ_{max}。配制七组有机染料标准溶液，在最大吸收波长 λ_{max} 处测量吸光度，绘制标准曲线。
3. 在恒定温度下，吸收波长 λ_{max} 下测量不同加量活性炭染料溶液吸附平衡时的吸光度，绘制吸附等温线，确定直线斜率 $1/n$、截距 $\lg K_F$，求得 n 和 K_F。

实验三十五 表面活性剂临界胶束浓度的测定

一、实验目的

1. 了解测量表面活性剂临界胶束浓度的常用方法。
2. 掌握使用电导率仪测量表面活性剂临界胶束浓度的方法。
3. 了解表面活性剂的特性及胶束形成原理。

二、实验原理

具有明显"两亲"性质的分子，既含有亲油的足够长的烃基，又含有亲水的极性基，由这一类分子组成的物质称为表面活性剂，见图 35-1(a)。表面活性剂为了使其成为溶液中的稳定分子，有可能采取两种途径：一是当它们以低浓度存在于某一体系中时，可被吸附在该体系的表面上，采取极性基团向着水，非极性基团脱离水的表面定向，形成定向排列的单分子膜，从而使表面自由能明显降低，见图 35-1(c)；二是在溶液中，表面活性剂浓度增大到一定值时，表面活性剂离子或分子不但在表面聚集而形成单分子层，而且在溶液本体内部也三三两两地以憎水基相互靠拢，聚在一起形成胶束。胶束可以成球状、棒状或层状。形成胶束的最低浓度称为临界胶束浓度（critical micelle concentration，CMC），如图 35-1(b)。

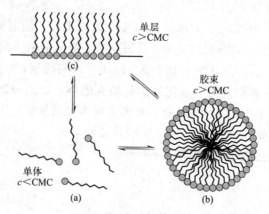

图 35-1　胶束示意图

　　CMC 是表面活性剂的一种重要量度，CMC 越小，则表示这种表面活性剂形成胶束所需浓度越低，达到表面（界面）饱和吸附的浓度越低，只有溶液浓度稍高于 CMC 时，才能充分发挥表面活性剂的作用。目前表面活性剂广泛用于石油、纺织、农药、采矿、食品、民用洗涤等各个领域，具有润湿、乳化、洗涤、发泡等重要作用。

　　由于溶液的结构发生改变，表面活性剂溶液的许多物理化学性质（如表面张力、电导、渗透压、浊度、光学性质等）都会随着胶团的出现而发生突变。原则上，这些物理化学性质随浓度的变化都可以用于测定 CMC，常用的方法有表面张力法、电导率法、染料法等。在溶液中对电导率有贡献的主要是带长链烷基的表面活性剂离子和相应的反离子，而胶束的贡献则极为微小。从离子贡献大小来考虑，反离子大于表面活性剂离子。对于浓度低于 CMC 的表面活性剂稀溶液，电导率的变化规律与强电解质一样，摩尔电导率 Λ_m 与 c、电导率 κ 与 c 均呈线性关系。当溶液浓度达 CMC 时，随着溶液中表面活性剂浓度的增加，单体的浓度不再变化，增加的是胶束的个数，由于对电导贡献大的反离子固定于胶束的表面，它们对电导率的贡献明显下降，电导率随溶液浓度增加的趋势将会变缓，这就是确定 CMC 的依据（见图 35-2）。

　　因此利用离子型表面活性剂水溶液的电导率或摩尔电导率随浓度的变化关系，作 c-κ 或 c-Λ_m 曲线，由曲线的转折点求出 CMC 值。

三、设计要求

　　1. 查阅文献，了解电导率测量表面活性剂 CMC 的原理。

　　2. 了解电极常数对测量结果的影响，设计电极常数校正方法。

　　3. 根据测量结果，以浓度为横坐标，电导率为纵坐标作图，画出曲线的转折点，对应的浓度即为 CMC。

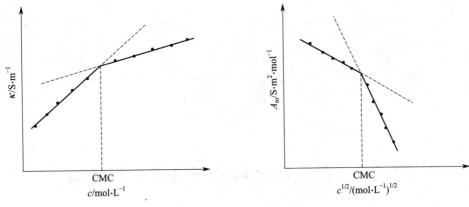

图 35-2 溶液浓度和电导率、摩尔电导率的关系

四、实验提示

1. 仪器与试剂：电导率仪，恒温槽，容量瓶，氯化钾，十二烷基硫酸钠。

2. 查阅文献，确定校正电极常数的方法。

3. 在恒定温度下，测量不同浓度表面活性剂的电导率，绘制浓度-电导率曲线，确定临界胶束浓度。

五、注意事项

1. 清洗电导电极时，两个铂片不能有机械摩擦，可用去离子水淋洗后将其竖直，用滤纸轻吸，将水吸净，并且不能使滤纸沾洗内部铂片。

2. 注意电导率仪测试时，按由低到高的浓度顺序测量样品。

3. 电极在冲洗后必须用待测液润洗电极，电极在使用过程中其极片必须完全浸入所测的溶液中。

六、思考题

配制十二烷基硫酸钠溶液时会产生大量泡沫，给溶液定容带来困难，如何改进配制方法。

附录 1　有机化合物的标准摩尔燃烧焓

名称	化学式	温度/℃	$-\Delta_c H_m/kJ\cdot mol^{-1}$
甲醇	$CH_3OH(l)$	25.0	726.51
乙醇	$C_2H_5OH(l)$	25.0	1366.8
草酸	$(CO_2H)_2(s)$	25.0	245.6
甘油	$(CH_2OH)_2CHOH(l)$	20.0	1661.0
苯	$C_6H_6(l)$	20.0	3267.5
正己烷	$C_6H_{14}(l)$	25.0	4163.1
苯甲酸	$C_6H_5COOH(s)$	20.0	3226.9
萘	$C_{10}H_8(s)$	25.0	5153.8
尿素	$NH_2CONH_2(s)$	25.0	631.7

附录 2　某些溶剂的凝固点降低常数

(K_f 是指 1mol 溶质，溶解在 1000g 溶剂中的凝固点降低常数)

溶剂	纯溶剂的凝固点/℃	K_f
水	0	1.85
醋酸	16.6	3.90
苯	5.533	5.12
二氧六环	11.7	4.71
环己烷	6.54	20.0

附录 3　不同温度下乙醇的饱和蒸气压

$t/℃$	p/kPa	$t/℃$	p/kPa	$t/℃$	p/kPa	$t/℃$	p/kPa
0	1.63	25	7.96	50	29.53	75	88.77
5	2.30	30	10.56	55	37.36	78.3	101.33
10	3.20	35	13.85	60	46.89	80	108.36
15	4.39	40	17.99	65	58.42	85	131.45
20	5.94	45	23.15	70	72.26	90	158.51

附录 4　常压下共沸物的沸点和组成

共沸物		各组分的沸点/℃		共沸物的性质	
甲组分	乙组分	甲组分	乙组分	沸点/℃	组成[w(甲)/%]
苯	乙醇	80.1	78.3	67.9	68.3
环己烷	乙醇	80.8	78.3	64.8	70.8
正己烷	乙醇	68.9	78.3	58.7	79.0
乙酸	乙酸乙酯	77.1	78.3	71.8	69.0
乙酸乙酯	环己烷	77.1	80.7	71.6	56.0
异丙醇	环己烷	82.4	80.7	69.4	32.0

附录 5　25℃下常见液体的折射率

名称	n_D^{25}	名称	n_D^{25}
甲醇	1.326	四氯化碳	1.459
乙醚	1.352	乙苯	1.493
丙酮	1.357	甲苯	1.494
乙醇	1.359	苯	1.498
醋酸	1.37	苯乙烯	1.545
乙酸乙酯	1.37	溴苯	1.557
正己烷	1.372	苯胺	1.583
1-丁醇	1.397	溴仿	1.587
氯仿	1.444		

附录 6　常用参比电极的电势与温度系数

名称	体系	φ/V	(dE/dT)/mV·K^{-1}
氢电极	Pt,H$_2$ ∣ H$^+$($c_{H^+}=1$)	0.0000	
饱和甘汞电极	Hg,Hg$_2$Cl$_2$ ∣ 饱和 KCl	0.2415	−0.761
标准甘汞电极	Hg,Hg$_2$Cl$_2$ ∣ 1.0mol·L^{-1} KCl	0.2800	−0.275
甘汞电极	Hg,Hg$_2$Cl$_2$ ∣ 0.1mol·L^{-1} KCl	0.3337	−0.875
银-氯化银电极	Ag,AgCl ∣ 0.1mol·L^{-1} KCl	0.2900	−0.3000

附录 7　18~25℃下难溶化合物的溶度积

化合物	K_{sp}	化合物	K_{sp}
AgBr	4.95×10^{-13}	BaSO$_4$	1×10^{-10}
AgCl	7.7×10^{-10}	Fe(OH)$_3$	4×10^{-38}
AgI	8.3×10^{-17}	PbSO$_4$	1.6×10^{-8}
Ag$_2$S	6.3×10^{-52}	CaF$_2$	2.7×10^{-11}
BaCO$_3$	5.1×10^{-9}		

附录 8　均相热反应的速率常数

（1）蔗糖水解的速率常数

$c_{HCl}/\text{mol} \cdot \text{L}^{-1}$	$10^3 k/\text{min}^{-1}$		
	298.2K	308.2K	318.2K
0.4137	4.043	17.00	60.62
0.9000	11.16	46.76	148.8
1.2140	17.455	75.97	

（2）乙酸乙酯皂化反应的速率常数与温度的关系：$\lg k = -1780 T^{-1} + 0.00754T + 4.53$（$k$ 的单位为 L·mol^{-1}·min^{-1}）

（3）丙酮碘化反应的速率常数 $k(25℃) = 1.71 \times 10^{-3}$ L·mol^{-1}·min^{-1}，$k(35℃) = 5.284 \times 10^{-3}$ L·mol^{-1}·min^{-1}

附录 9　水和空气界面上的表面张力

$t/℃$	$10^3 \sigma/\text{N} \cdot \text{m}^{-1}$	$t/℃$	$10^3 \sigma/\text{N} \cdot \text{m}^{-1}$	$t/℃$	$10^3 \sigma/\text{N} \cdot \text{m}^{-1}$
0	75.64	19	72.90	30	71.18
5	74.92	20	72.75	35	70.38
10	74.22	21	72.59	40	69.56
11	74.07	22	72.44	45	68.74
12	73.93	23	72.28	50	67.91
13	73.78	24	72.13	55	67.05
14	73.64	25	71.97	60	66.18
15	73.49	26	71.82	70	64.42
16	73.34	27	71.66	80	62.61
17	73.19	28	71.50	90	60.75
18	73.05	29	71.35	100	58.85

参考文献

[1] 孙尔康，高卫，徐维清，等．物理化学实验．3 版．南京：南京大学出版社，2022．

[2] 天津大学物理化学教研室．物理化学实验．北京：高等教育出版社，2015．

[3] 王亚珍，彭荣，王七容．物理化学实验．2 版．北京：化学工业出版社，2019．

[4] 王耿，李骁勇，白艳红．物理化学实验．2 版．西安：西安交通大学出版社，2022．

[5] 王文珍．物理化学实验．北京：化学工业出版社，2017．

[6] 高锦红，李雅丽．物理化学实验．北京：北京师范大学出版社，2019．

[7] 毕韶丹，王凯．物理化学实验．北京：北京理工大学出版社，2021．

[8] 贺德华，麻英，张连庆，等．基础物理化学实验．北京：高等教育出版社，2008．

[9] 夏海涛．物理化学实验．南京：南京大学出版社，2006．

[10] 庞素娟，吴洪达．物理化学实验．武汉：华中科技大学出版社，2009．

[11] 武汉大学化学与分子科学学院实验中心编．物理化学实验．武汉：武汉大学出版社，2004．

[12] 傅献彩，姚天杨，陈文霞．物理化学．4 版．北京：高等教育出版社，1990．

[13] 复旦大学．物理化学实验．3 版．北京：高等教育出版社，2004．

[14] 刘寿长，张建民，徐顺．物理化学实验与技术．郑州：郑州大学出版社，2004．

[15] 华南师范大学化学实验教学中心．物理化学实验．北京：化学工业出版社，2008．

[16] 刘志明，吴也平，金丽梅．应用物理化学实验．北京：化学工业出版社，2009．

[17] 候炜，戴莹莹．物理化学实验．北京：北京理工大学出版社，2016．

[18] 北大化学系物理化学教研室编．物理化学实验．北京：北京大学出版社，1995．

[19] 韩喜江，张天云．物理化学实验．哈尔滨：哈尔滨工业大学出版社，2004．

[20] 张春晖，赵谦．物理化学实验．南京：南京大学出版社，2003．

[21] 张洪林，杜敏，魏西莲．物理化学实验．青岛：中国海洋大学出版社，2009．

[22] 尹业平，王辉宪．物理化学实验．北京：科学出版社，2006．

[23] 许炎妹，邵晨．物理化学实验．北京：化学工业出版社，2009．

[24] 徐箐利，陈燕青，赵家昌，等．物理化学实验．上海：上海交通大学出版社，2009．